生命的醒觉

Life Loves You

〔美〕露易丝·海（Louise Hay） 〔英〕罗伯特·霍尔登（Robert Holden）◎著 杨洁◎译

海南出版社

·海口·

版权合同登记号：图字：30-2023-061 号

图书在版编目（CIP）数据

　生命的醒觉 / (美) 露易丝·海 (Louise Hay)，
(英) 罗伯特·霍尔登 (Robert Holden) 著；杨洁译
. —— 海口：海南出版社，2023.10
　书名原文：LIFE LOVES YOU
　ISBN 978-7-5730-1288-3

　Ⅰ.①生… Ⅱ.①露… ②罗… ③杨… Ⅲ.①人生哲
学 – 通俗读物 Ⅳ.① B821-49

中国国家版本馆 CIP 数据核字 (2023) 第 168425 号

生命的醒觉
SHENGMING DE XINGJUE

作　　　者：〔美〕露易丝·海（Louise Hay）〔英〕罗伯特·霍尔登（Robert Holden）
译　　　者：杨　洁
出 品 人：王景霞
责任编辑：闫　妮
选题策划：银河系
责任印制：杨　程
印刷装订：北京汇瑞嘉合文化发展有限公司
读者服务：唐雪飞
出版发行：海南出版社
总社地址：海口市金盘开发区建设三横路 2 号　　邮编：570216
北京地址：北京市朝阳区黄厂路 3 号院 7 号楼 101 室
电　　话：0898-66812392　010-87336670
电子邮箱：hnbook@263.net
经　　销：全国新华书店
版　　次：2023 年 10 月第 1 版
印　　次：2023 年 10 月第 1 次印刷
开　　本：880 mm×1230 mm　　1/32
印　　张：7.25
字　　数：136 千字
书　　号：ISBN 978-7-5730-1288-3
定　　价：49.80 元

前言

preface

我与露易丝·海女士初次见面是在拉斯维加斯"我能做到"（I Can Do It!）研讨会的后台。海氏出版公司的总裁里德·特雷西（Reid Tracy）为我们互相引荐。露易丝给了我一个温暖的拥抱，说："欢迎加入海氏大家庭。"

10分钟后，她将上台致欢迎辞，并把我作为当天第一位讲演者介绍给观众。"我可以帮你化个妆吗？"她问。我一般不怎么化妆，可是她的提议让我盛情难却。露易丝拿着刷子、散粉、面霜和唇膏在我脸上忙碌起来。我们都乐在其中，在场的每位工作人员也兴致盎然。画完最后一笔，露易丝凝视着我的眼睛说："生命爱你。（Life loves you.）"

"生命爱你"是露易丝最喜欢说的肯定句之一。我认为这句话带有露易丝的鲜明个性，也是足以代表她整个人生和事业的核心思想。她很喜欢告诉人们："生命爱你。"每当我听到她说出这句话，内心深处都会如同浇灌了蜂蜜那样幸福。很早之前，我就想到露易丝可以把"生命爱你"作为一个很棒的创作主题。我曾经跟露易丝提起过这个想法，也和里德·特雷西聊过。他说："什么时候你准备好和露易丝共同创作这本书，就告诉我。"当时我并没有太把他的话当真，毕竟我还在忙着写自己的书。

几年之后，我在海氏出版公司出版了三本书：《做快乐的人》（*Be Happy*）（露易丝为这本书作了序）、《爱的能力》（*Loveability*）和《神圣的转变》（*Holy Shift!*）。写《生命的醒觉》这本书的想法偶尔会突然跃入脑海，但我没有付诸行动。在我完成《神圣的转变》的第二天，我本来打算去打一场高尔夫球。但是到了中午，我已经写完了由我和露易丝合著的《生命的醒觉》这本书的写作提纲，我几乎是一气呵成完成的。我根本无须思考，那些文字自然而然地从我的笔尖倾泻而出。

我把那篇写作提纲给妻子霍莉（Hollie）看。"你是怎么写出这些文字的？"她问。我告诉她，我自己也觉得惊讶。"赶快发送出去吧。"她说。10月7日，我给自己的编辑帕蒂·吉夫（Patty Gift）发送了邮件。当天帕蒂就回复说她和里德·特雷西非常欣赏我的提纲，里德会转交给露易丝。露易丝的生日是10月8日。在10月9日那天，我收到了她的电子邮件，信中全都是开心的表情符号：气球、蛋糕、爱心和礼物。她写道："我真是太激动了，罗伯特。亲爱的，你为这本书筹划多久了？我非常荣幸能参与这本书的写作。无论如何，我们终将如愿以偿。祝我生日快乐吧！爱你，露露。"

《生命的醒觉》这本书来自露易丝和我之间的对话。从感恩节到复活节这段时间，我去加利福尼亚州圣地亚哥拜访了她三次。我录下了在这共处的9天时间里我们所有的谈话。我们还在线上定期通话。这些年来，露易丝和我在欧洲、澳大利亚、加拿大和美国的20多场"我能做到"研讨会上都有过会面。我在海氏出版公司世界峰会上采访过露易丝，而她也参加过我的几次公开演讲和研讨会。读者们也会看到我在本书中分享了其中的一些故事和谈话。

《生命的醒觉》带我们走上探究之旅，思考"自己究竟是谁"这个核心问题。这本书让我们探索自己与这个世界之间的联结，也对现实的本质进行了深刻提问。近年来，科学界已经开始从全新的角度来看待这个世界。比如说，我们现在了解到，原子并不是彼此独立的微小物质，它们展现了宇宙的能量，而由独立事物组成的宇宙从来都不存在。万事万物都彼此相连。我们都是统一整体的一部分。我们与星球相连，与他人相连，与一切造物相连。

科学界认识到，世界不仅仅是一个物理所在，还是一种心灵状态。"宇宙的面貌更像是一个伟大的思想，而不是一台巨大的机器。"英国物理学家詹姆斯·金斯（James Jeans）写道。对造物的意识进行探索是科学研究的新前沿。露易丝和我相信，造物的基本组成部分不是原子，而是爱。这种爱并不是纯感性的，它并不仅仅是一种情感，而是生命之舞背后的创造法则。它放之四海而皆准，它是智慧，是仁慈。我们都是这种爱的显像，它代表了人类真正的本质。

《生命的醒觉》既是一次探究之旅，也是一项实践练习。露易丝是灵性领域的实用主义者，而我对哲学的兴趣也仅限于可以运用于日常生活的部分。因此，我们也精心设计了疗愈生命的七种心灵练习。本书一共有七个章节，每章的结尾都有一个心灵练习，这些练习可以帮助读者将理论转化为体验。除此之外，还有其他一些练习。或许你可以找一位同伴或者在学习小组中共同完成书中的练习。请不要错过这些练习。毕竟，爱需要去实践。

在第一章"镜子练习"中，我们探讨了镜子法则（the Mirror Principle）。这个法则认为，我们对周围世界的体验其实反映了我们与自身的关系。我们看到什么，并不取决于事物的真相，而是取决于我们是谁。因此，这个世界可以镜映出"我值得被爱"的基本真理，同时也可以镜映出"我不值得被爱"的基本恐惧。当我们无法贴近自己的内心，无法好好爱自己的时候，这个世界也会变得黑暗和孤独。然而，发自内心的自爱可以帮助我们体验造物的温柔，用全新的眼光看待世界。第一章的心灵练习包括"允许自己被爱"练习和"爱的祈祷"冥想。

在第二章"肯定自己的人生"中，露易丝和我谈到了在孩提时代，我们如何学会看待这个世界。我分享了一个故事，大学时期的一次讲座彻底改变了我的世界观，这个讲座的题目叫作"你真的确定以及肯定爆胎会让你头疼吗？"。在这里，露易丝和我想邀请读者思考，其实并没有人在评判、批评或者谴责我们，我们都受制于自己的内心，也在经受着他人的伤害。但其实，生命的本意并非与我们为敌。为什么这么说？因为生命深深地爱着我们。我们只是生命的一个具象表达，生命希望我们能够按照我们最真实的自己，即原始自我（Unconditioned Self）来生活。我们是造物的表达，我们应该无条件地接纳真实的自我。本章的心灵练习叫作"十点法"。

第三章"跟随内心的喜悦"是倾听我们内心的指引。"生命爱你，并不是让我们一意孤行，而是要摆脱内心的桎梏。"露易丝说。露易丝谈到了她"内心的铃声"，而我分享了"是"的故事。我们人生中总会获得各种指引、支持和激励。但有些时候，我们太过投入于自己的故事，迷失在个人的痛苦中，以至于一叶障目。本章的心灵练习是"我的肯定板"，以此帮助我们跟随内心的喜悦，过上自己热爱的人生。

第四章"与过去和解"是我们探究之旅的中间站。在这里，我们探讨了妨碍我们允许自己被爱的一些常见因素——例如"跌落凡尘"：清白感（innocence）的失去以及习得性无价值感的来源。我们探究了"关于负疚感的故事"，曾经我们认为自己是值得被爱的，但超我改变了这一切。我们还讨论了内在小孩的工作以及如何重拾我们最初的清白感。本章的心灵练习是"宽恕量表"，这是最为有效的宽恕练习之一。

在第五章"现在开始感恩"中，露易丝和我探讨了"基本信任"（basic trust）法则。心理学家认为，基本信任在儿童发展期和成年期都是必不可少的。基本信任是与生俱来的，是我们从内心深处感受到的一种认知——我们是造物的一部分，有一个充满爱和仁慈的整体在支持着我们。基本信任就是相信生命中发生的一切并非偶然，一切都为你而来；就是相信在生命之屋中，我们已经选到了最理想的座位。每一次经历——无论好坏，无论快乐或悲伤、苦涩或甜蜜——都为我们提供了一次允许自己被爱的机会。本章的心灵练习是"每日感恩"，这个练习把感恩与镜子练习结合在一起。

第六章"学会接纳"着眼于来自佛教的慈悲理论。露易丝分享了她画《慈悲的佛陀》（*The Blessing Buddha*）这幅佛像的经历。她花了整整5年时间才完成这幅画。绘画的过程是一种深入的冥想，帮助她更加真切地感受到存在于生命中的仁爱。"我们总是被爱着，但是只有内心足够开放，我们才能看到这一点。"露易丝说。本章的心灵练习是"接纳日志"，写这本日志的目的是帮助我们更加清晰地认识到在当下自己是如何被爱的。

在第七章"拥抱美好的未来"中，我们探讨了一个问题："宇宙是友好的吗？"据说阿尔伯特·爱因斯坦（Albert Einstein）将此称为人类可以发问的最为至关重要的问题。露易丝和我相信，有一个同等重要的问题是："我有多么友好？"从最深层的意义来说，我们人生的目的就是成为世界的一面爱的镜子。爱出者爱返，福往者福来。我们来到这里，就是为了爱这个世界。

如果每个人都能多一点点热爱，这个世界就会变得更加温暖。第七章的心灵练习叫作"祝福世界"。

露易丝和我很高兴您能阅读这本书，我们也非常感谢这次共同创作的机会。我们祈愿自己的作品可以带给您更多的支持，帮助您允许自己被爱，并成为一个内心充满爱的人。

目录

contents

1　第一章　镜子练习

第一章　镜子练习

爱是一面镜子，

可以映照出你本性的全部，

假如你有勇气

去探究它的面目。

——鲁米（Rumi）

感恩节到了，露易丝和我正与家人、朋友们一起享用节日午餐。我们在椭圆形大餐桌的一端比邻而坐，桌上摆着两只大火鸡、几盘有机蔬菜、一些无麸质面包、一瓶赤霞珠葡萄酒和一个杏仁皮南瓜派。这些都是希瑟·丹（Heather Dane）精心准备的。而她自己坚称丈夫乔尔（Joel）也算有些功劳，也许可以封他为"首席美食品尝官"。大家热情高涨，谈笑风生。我们共同举杯欢庆佳节，此时露易丝说："生命爱你。"

午后的时光慢慢流逝，希瑟从她神奇的厨房里魔术般地变出了更多的惊喜。椭圆形餐桌上的食物换了一拨又一拨，我猜她和我们一样享受这场盛宴。这时候，艾略特（Elliot）离开餐桌，穿过房间，走向挂在墙上的一面全身镜。他先是站在镜子前一动不动，然后倾身亲吻了镜子。露易丝和我同时捕捉到这一刻，会心地朝着对方微笑。

不一会儿，艾略特又离开了餐桌。他走回镜子前面，再次亲吻了镜子，然后回到桌子旁。他非常开心。接下来，艾略特频繁地跑到镜子面前。他并没有发现我们都在观察他，但其实所有人的注意力都被吸引了。艾略特只有18个月大，他这样做是出于天性，把它当作一种玩乐。孩子们都喜欢亲吻镜子。

当艾略特发现有人注视着他时，便招呼自己的父亲格雷格（Greg）跟他一起玩。格雷格一开始并不情愿，但艾略特一直手舞足蹈、咿咿呀呀地向他示意。格雷格最终无法拒绝儿子的邀请，不一会儿就坐到了镜子面前。艾略特先自己亲了一下镜子，然后等着爸爸照做。格雷格稳住自己，起身在镜子上吻了一下。艾略特拍着手，兴奋得尖叫起来。

"露易丝，你还记得在幼年时亲吻镜子里的自己吗？"我问。

"不记得了，但我相信自己曾经这样做过。"她说。

接着露易丝问我是否记得小时候做过这件事。

"不，我不记得了。"我回答。

"我们曾经都和艾略特一样。"露易丝说。

"我相信确实如此。"我说。

"是的，并且我们都可以再次亲吻镜子里的自己。"她说。

"怎样才能做到呢？"我问她。

"通过做镜子练习。"露易丝说，似乎答案是显而易见的。

"为什么要做镜子练习？"

"镜子练习可以帮助我们重新爱上自己。"她解释道。

"就像在我们的生命之初那样？"

"是的。当我们爱上自己，就会发现生命也同样在爱着我们。"她补充道。

亲吻
镜子里的自己

一个阳光明媚的春日，我和儿子克里斯托弗（Christopher）两个人待在家里。妻子霍莉和女儿波儿（Bo）正在邱园[①]附近的陶艺咖啡馆享受"女生时光"。波儿刚刚满4岁，她用如此美丽而充满乐趣的方式表现自己的创造力。她们很快就要回来了，我满心期待着欣赏波儿的最新作品。知女莫如父，我猜想那会是一个彩虹盘，一个歪歪扭扭的爱心杯子，或者一个涂成粉红色的小兔子盐罐——可以想象在《爱丽丝梦游仙境》（*Alice's Adventures in Wonderland*）中的疯帽子茶话会，这些东西会出现在巨大而古老的桌子上。

克里斯托弗现在将近6个月大了。我对他有一种似曾相识的感觉。有时当我们四目相对，我们各自的角色便不复存在。我不再是一位父亲，他也不再是一个婴儿，似乎我们是两个终于

---

① 译者注：邱园，英国皇家植物园林，世界上著名的植物园之一，坐落在伦敦三区的西南角。

相遇的灵魂知己。在我和波儿之间，也有过很多次相同的体验。无法想象如果没有他们，我的人生会是怎样，好像冥冥之中，我们注定会相聚。露易丝相信，**我们的家人是命中注定的，他们能为我们的人生之旅带来最为珍贵的课程和礼物**。在她的著作《生命的重建》（*You Can Heal Your Life*）中，她写道：

> 我相信，我们都走在一段穿越永恒的无尽旅程中。为了灵性的进化，我们来到这个人世间学习特定的人生功课。我们选择了自己的性别、肤色和国籍，接着便寻找一对可以当作我们的"镜子"的完美父母。

霍莉和波儿打电话说她们正在归途之中，还给我和克里斯托弗带了礼物。我放下电话，发现克里斯托弗正在微笑。像大多数婴儿那样，克里斯托弗经常微笑，这是他们的天性。不过当克里斯托弗开始笑的时候，就会怎么都停不下来。最后他会对任何东西微笑，甚至包括空花瓶、真空吸尘器或者螺丝刀等没有生命的物体。我抱起克里斯托弗，把他带到壁炉上方的镜子前。

"亲爱的克里斯托弗，我很荣幸把你介绍给克里斯托弗。"我指着镜子里的他说。而克里斯托弗突然收起了笑容，这让我大吃一惊。我原本以为他会在照镜子时笑个不停。毕竟，他对其他所有的东西都会微笑。我让克里斯托弗看镜子里的自己，这一次克里斯托弗又没有笑。事实上，他的脸上几乎没有任何表情。似乎他的眼中空无一物，什么都没有看到。

为什么克里斯托弗并没有对镜子里的自己微笑呢？我查阅了一些儿童发展心理学方面的资料，发现这种现象是很常见的。他们认不出镜子里的自己。我问过露易丝其中的原因。"婴儿还没有对自己的身体形成认同。"她用一如既往的平静语气回答道。

婴儿就像灵魂之鸟，在自己的身体上空飞翔，尚未降落到身体内。当他们照镜子时，不会指着那个身体，发现"那就是我"或者"这是我的身体"。婴儿只有意识，不具备"我"的概念。他们没有自我形象（self-image），尚未形成人格面具，也不会患上神经症。他们仍然充满了最初的灵性。他们只认同自己佛家所说的"本来面目"（original face），即心灵面貌（the face of the soul）。

通常在15~18个月之间，儿童开始认同镜子里的自己。法国精神分析师雅克·拉康（Jacques Lacan）把这个时期称为"镜像阶段"（stade du miroir）。因此艾略特才会在我们的感恩节宴会上玩得这么开心。毫无疑问，等到克里斯托弗长到艾略特那么大时，也会开始爱上亲吻镜子的游戏。他还会亲吻我们家浴室里的大圆形浴缸龙头、闪亮的勺子、钢制平底锅、玻璃门把手，以及其他任何能够照出自己模样的东西。

从大约3岁起，孩子就把镜子当作自己的朋友。他们喜欢在镜子里看到的自己。这个时候他们意识到"我拥有这具身体"。尽管如此，他们仍然没有那么看重自己的身体。对他们来说，身体并不代表真实的自己，而是获得生命体验所必需的道具。在这个阶段，孩子们会尝试各种面部表情、摆出各种姿势、玩躲猫猫，还会发明傻里傻气的舞蹈。克里斯托弗和波儿觉得在镜子里看到的形象非常有趣。他们经常和镜子里的自己做游戏，就像彼得·潘①（Peter Pan）跟自己的影子玩耍一样。

尝试成为自己，这在一开始乐趣无穷，但好景不长。在接受独立自我（ego）的身份时，我们的心理会发生转变。我们在镜子面前会开始害羞，面对镜头时也同样如此。**我们既渴望被关注，又逃避他人的目光。**我们在爱面前绕道而行，让自己陷入恐惧之中。我们开始评判自己，因此看不到自己的本来面目。镜子里的自我形象充满了各种自我评判，那不再是真实的你。

而我们真正的天性——那只灵魂之鸟——仍在歌唱，但她的歌声被淹没在孤独而恐惧的自我的刺耳尖叫之中，几不可闻。

---

① 译者注：彼得·潘是小说家詹姆斯·巴里（James Barrie）笔下的人物，一个不愿长大也永远不会长大的可爱小男孩。

我们曾经在镜子里看到的美丽仍然与我们同在，但我们的自我评判扭曲了这种美。当我们停止评判的一瞬间，这种美才会重现，但现在评判成为我们所认同的一种习惯。**我们确信评判才能看清事物，但事实恰恰相反。只有当我们停止评判，才能看见真正的自己。**

不足的
谬论

"我第一次尝试自杀是在9岁时。"露易丝告诉我。

"发生了什么？"我问。

"很明显，我并没有成功。"她说。

"否则这个世界就不会再看到露易丝·海了。"我告诉她。

"确实如此。"露易丝笑着回答。

"那么，事情是怎么发生的？"

"有人告诉我千万不要吃山坡上的某种浆果，因为它们有毒。所以有一天当我觉得万念俱灰时，我吃了那些浆果，躺在那里静静等待死亡的来临。"

在圣地亚哥的露易丝家中的办公室里，她和我正坐在一面全身镜前。我们正在分享彼此的童年经历。面对着镜子进行分享是露易丝的主意。她说话时直视镜子，与镜子里的自己保持着稳定的目光交流。她能够那么坦诚而又脆弱地面对自己，这让我非常震惊。讲述自己的童年时，她的声音温柔和蔼，话语间却仍然带着些许悲伤。面对9岁时的自己，她满怀怜悯。

"你为什么想要结束自己的生命？"我问。

"我觉得没有人爱我。"她说。

"你觉得自己被爱过吗？"我问。

"是的，一开始是这样。但在我父母离婚后，就大事不妙了。我母亲再婚了，继父对我进行了身体虐待和性虐待，家里充斥着暴力。"

"听到这些我很难过，露露。"我告诉她。

"当时家庭传递给我的信息就是我不值得被爱。"她说。

在露易丝十几岁时，她被一个邻居强奸了。施暴者被判处16年监禁。露易丝在15岁时离家出走了。**"我只是想要别人善待我，"**她说，**"但我并不懂得该如何善待自己。"**情况变得更加糟糕了。露易丝告诉我：**"我非常渴望被爱，可是吸引来的却总是虐待。"**只要有人对她还可以，她就愿意付出一切，很快她就怀孕了。"我根本无力照料一个婴儿，因为我自顾不暇。"她说。

轮到我讲述童年经历时，露易丝问我："小时候的你最想要的是什么？"我仔细端详着镜子里的自己。一开始我的脑海一片空白，但很快那些记忆浮现在我面前。**"我想要被看见。"**我告诉她。

她问我这是什么意思。"我似乎想要有人来告诉我：你是谁、为什么会在这里，还有一切都会好起来的。"我解释道。小时候的我内心充满了各种疑问，喜欢思考各种深刻的问题，例如，我是谁？什么才是真实的？活着的意义是什么？

在我年幼时，我们经常搬家。母亲想要离她的父母远一些，而父亲总是忙于工作。最终我们还是回到了英国温切斯特，那里离外祖父母家不远。我们租了一栋小房子，叫作"金银花小屋"，在那里，我留下了很多欢乐的回忆。后来在我9岁的时候，我们搬到了利特尔顿村，住进了一栋名为"影子"的房子。我还记得自己当时寻思着，这个名字实在有些奇怪。

"你的父母爱你吗？"露易丝问道。

"是的，他们确实爱我，但事情并没有那么简单。"

"发生了什么？"她问道。

"我母亲患有周期性的抑郁，它总是不期而至。有时抑郁发作会持续数周，她就一直躺在床上，我们则会祈祷药物能够尽快起效。有时候她会住进精神病院接受治疗，但在那里，她也会想要自杀。"

"你父亲呢？"露易丝问道。

"他有自己挥之不去的心魔。"我告诉她。

我15岁左右的时候，我们发现爸爸有酗酒的问题。他承诺要戒酒，并且也戒了很多次。最终他离家出走，在人生的最后10年里，他大部分时间都居无定所，在各个临时庇护所辗转。父母都如此痛苦不堪，和他们生活在一起是一场噩梦。**作为家人，我们都尽力爱着彼此，但在内心却感受不到自己值得被爱，没有一个人可以发自肺腑地说出"我是值得被爱的"。**

> 生命存在的真相就是
> 你是值得被爱的。
>
> ——露易丝·海《心灵思绪》(*Heart Thoughts*)

关于人性的本质，露易丝和我有着相同的观点。我们都认为每个人，包括正在阅读本书的你，都是值得被爱的。爱不仅仅是一种感觉，一种情感。爱是我们真正的天性，是我们灵性的 DNA，是我们内心流淌的歌，是我们灵魂深处的觉知。如果足够幸运的话，我们的父母、学校、教会、朋友和其他关系都会镜映出这个基本真理——我是值得被爱的。

镜映是童年必不可少的一部分。它的最终目的是确认这个基本真理：我是值得被爱的。**正是通过肯定性的镜映，我们才能体验到自己永远都是值得被爱的。我们才会信任自己，成长为一个成熟的人，一个热爱这个世界的人。**

与"我值得被爱"这一基本真理相对应的，就是我们内心深处的基本恐惧：我不值得被爱。童年时期不健康的镜映会强化我们认为"自己不值得被爱"的恐惧。在我们的镜前对话中，露易丝告诉我：**"我的父母并不感觉自己值得被爱，他们也无法教导我确认这一点，因为他们自己都没有被这样教导过。"**如果父母要帮助孩子爱自己，就必须了解这个基本真理，知道自己是值得被爱的。

"我不值得被爱"的恐惧并非事实，只是一个虚构的故事。我们对它信以为真，只是因为我们认同这个故事。这让我们无法享受自己的陪伴。我们离自己越来越遥远。我们忘记了灵魂之鸟，那是我们真正的天性。世界成为我们恐惧的象征。我们害怕看到镜子里的自己。演员比尔·奈伊（Bill Nighy）曾说："在经过镜子的时候，我会加快自己的脚步。"不值得被爱的恐惧侵占了我们，让我们的内心充满了各种自我评判：我不太对劲、我很糟糕、我一无是处。

基本恐惧加上自我评判的习惯，让我们陷入"不足的谬论"。在下面的自我对话中，我们可以看到不足的谬论：

我不够优秀。

我不够聪明。

我不够成功。

我不够漂亮。

我不够强健。

我不够风趣。

我不够有创造力。

我不够富有。

我不够苗条。

我不够重要。

露易丝说："与我一起工作过的每个来访者身上都存在着这种恐惧。"不足的谬论与灵魂之鸟，即我们真正的天性毫无关联。这是一种后天习得的无价值感。它属于我们暂时的自我形象，我们小心翼翼地维持着这个形象，直到有一天感觉太痛苦而放弃它。在某个时刻，我们会祈求："我想重建自己的生命。""一定有其他的出路。"当我们愿意再次接受"我值得被爱"这一基本真理时，我们就摆脱了不足的谬论。

镜子
法则

"我第一次进行镜子练习时并不顺利。"露易丝告诉我。

"发生了什么?"我问。

"我一直在寻找自己的缺点,并且我找到了无数个!"她笑着说。

"比如说?"

"哦,我的眉毛长得不对劲,满脸都是皱纹,唇形不好看,等等。"

"那对你来说一定非常艰难。"

"在那个时候,我对自己非常苛刻。"露易丝说。

我第一次进行镜子练习的体验与露易丝相似。面对镜子时,我的脑海中冒出了一大堆评判。有些评判是关于自己的外表。我当时不喜欢自己微笑的样子,希望自己可以笑得更好看一些。"你不太上镜。"我告诉自己。其他的评判则更加带有自我责备的意味——非常典型的不足的谬论，比如我不够成功、我不够有天赋、我做得还不够、我不够优秀、我永远都做不到。

"你想过停止做镜子练习吗？"我问露易丝。

"是的，但我有一位可以全然信任的好老师，他帮助我在镜子前建立安全感。"

"他是怎么做到的？"

"嗯，他向我指出，评判我的并不是镜子，而是我自己。因此，我不必对镜子感到恐惧。"

"这是镜子练习的关键所在。"我说。

"是的，"露易丝同意，"他还让我看到，当我面对镜子时，只是在评判自己的外表。我并没有真正地凝视镜子里的自己。"

"所以，你坚持继续做镜子练习。"

"是的，一段时间后，我开始注意到一些小小的奇迹出现了。"露易丝说。

"小小的奇迹？"

"绿灯和停车位！"她大笑着说。

"什么意思？"

"交通灯好像是专门为我放行。我能不可思议地找到好的停车位。一切都刚刚好。我踩上了生活的鼓点。我对自己更加宽容了，生活也变得更轻松了。"

我也有一位很棒的指导老师帮助我进行镜子练习。她叫露易丝·海！露易丝被认为是镜子练习的先驱者，并且已经进行了40多年的相关教学。露易丝将在镜子面前进行的一系列练习称为"镜子练习"。这些练习包括冥想、肯定法和询问法，这些都是露易丝的"生命的重建"计划中的重点。我在"快乐计划"和"爱的能力"三天项目中，与我的学生一起进行镜子练习。

我将镜子练习背后的主要理念命名为"镜子法则"。这是理解镜子练习为何能带来如此神奇的转变和疗愈作用的关键所在。当遇到阻力时，镜子法则也会激励我们继续进行镜子练习。镜子法则告诉我们，**我们与每一个人、每一件事物的关系，都会镜映出我们与自己的关系。**

因此，我们与自己的关系反映在我们与亲朋好友、爱人或路人、偶像或对手、英雄或恶棍的关系中。镜子法则可以帮助我们追踪在人生的各个领域与自己的关系。比如说，我们与自己的关系反映在我们与以下事物的关系中：

时间：为重要的事情腾出时间。

空间：享受孤独的馈赠。

成功：倾听内心的声音。

幸福：跟随内心的喜悦。

健康：关爱身体。

创造力：不再自我批判。

指引：相信你内心的智慧。

富足：活在当下。

爱：放下防御。

灵性：敞开心扉。

镜子法则揭示了我们为何会遭受心灵的痛苦，怎样才能痊愈，以及我们如何画地为牢，怎样才能重获自由。这是自爱的关键，也是允许生命爱你的关键。认识镜子法则的运作规律，会让我们获得必要的觉悟，在人际关系、工作和生活中做出正确的选择。因此在进一步讨论之前，让我们更多地了解一下镜子法则：

心理活动是一面镜子。我们的心理活动映照出对自己的看法。**你认为自己是怎样的人，就会认同什么样的想法**。换句话说，你看到镜子里的人是什么样子的，你就会像他那样去思考。露易丝说："我曾经认为自己是这个世界的受害者，所以我的内心充满了恐惧、猜疑和防御。我接收到爱的信号，但却无法相信。我看不到那份爱，是因为我不相信它存在。"想要改变自己的内心，最有效的方法是首先改变对自己的看法。

世界是一面镜子。感知是主观的，而不是客观的。据估计，大脑每秒要接收100亿~110亿比特的信息。如果试图处理所有这些信息，大脑就会崩溃。与此相反，它会对信息进行过滤，每秒向我们呈现大约2000比特的信息。而我们的自我形象就是过滤器。我们只会看到自己所认同的。因为受到主观意识的影响，我们所看到的并非事物的本来面目。29691268619

这就可以解释，为何有人认为这个世界是炼狱，有人却把它视作天堂；有人觉得人生是痛苦的磨难，有人却认为它是上帝的恩赐；有人身陷囹圄，度日如年，也有人求知若渴，孜孜以求；有人觉得世界是残酷的角斗场，也有人把它看作美丽的后花园；有人觉得世界是一座济贫院，也有人把它视为游乐场；有人觉得人生是一场噩梦，也有人认为它是一次精彩的演出。

人际关系是一面镜子。当我们和他人相遇时，我们也会遇见自己。我们会发现在某些方面彼此之间存在着差异，但在大多数方面并无二致。我们会把自己的经历和体验带入到一段关系之中。而有所保留的部分可能就是我们缺失的。有时我们会把"自己是值得被爱的"这一基本真理推而广之，而有时我们会投射出"自己不值得被爱"这一基本恐惧。**你越是不爱自己，就越难让别人爱你。你爱自己越多，就越能确定有很多人在爱着你。**

人生是一面镜子。"当我们成年后，我们倾向于再现童年早期的家庭情感模式。"露易丝在《心灵的重建》(*Love Yourself, Heal Your Life Workbook*)中写道："**我们也倾向于在亲密关系中重现我们与父母的关系。**"我们的人生表达了对自己的认知，它反映了我们的价值观、道德观和各种选择。它会呈现我们的观点，反映了我们认为自己应得或不应得什么，把责任推卸到谁身上，对什么承担责任。

镜子法则为我们提供了在生活中体验"小小奇迹"的钥匙。在《奇迹课程》(*A Course in Miracles*)中，作者对这一法则进行了完美的总结："感知是一面镜子，而不是事实。我眼中的世界只是自己的心境在外部的显现。"接下来作者写道：

投射形成知见。

你眼中的世界，全是你自己赋予的，

如此而已。

既不多，也不少。

因此，世界对你变得意义重大。

它是你心境的见证，

也是描述你内在状态的外在表相。

一个人如何想，他就会如何看。

为此，不要设法去改变世界，

而应决心改变你对世界的看法。

自爱的
奇迹

> 我的房间里有一面镜子，
>
> 我把它称作我的魔镜。
>
> 在这面镜子里住着我最好的朋友。
>
> ——露易丝·海《露露历险记》（*The Adventures of Lulu*）

"一开始，镜子练习对我来说并不容易。"在我为期5天的"幸福教练"研讨会上，露易丝对一屋子学员说。"对我来说，'我爱你，露易丝'这句话非常难以启齿。我流了很多眼泪，做了很多次练习。**每一次我对自己说'我爱你'时，我都不得不通过深呼吸来克服自己内心的阻力，但我坚持做下去。很高兴我做到了，镜子练习最终改变了我的生活。**"

有150人参加了这个研讨会，他们用心聆听着露易丝的每一句话。学员中有许多心理学家、治疗师和教练，他们在个人生活和职业中都运用了镜子练习。露易丝以一位学员的身份参加了研讨会。当我们学习到关于镜子练习的模块时，我抓住机会邀请露易丝跟大家分享她的经验，让我们感到庆幸的是，她很乐意这样做。

露易丝与我们分享了她在镜子练习的早期获得的一个突破。"有一天，我决定尝试一个小练习。"她说，"我看着镜子，对自己说'我很漂亮，每个人都爱我。'当然，一开始我并不相信这句话，但我对自己很有耐心，很快就觉得没那么别扭了。然后整整一天，无论我走到哪里，都对自己说'我很漂亮，每个人都爱我。'因此我挂上了更多笑容。人们对我的反应令我惊讶。每个人都那么友好。那天我经历了一个奇迹——一个自爱的奇迹。"

露易丝分享的兴致很高，于是我不失时机地问她做镜子练习的目的是什么。我们的谈话被录了下来。露易丝说：

> 镜子练习的真正目的是停止评判自己，看到真实的自己。当你坚持做镜子练习时，你会充分认识到自己有多么美好，而不会去评判、批评或比较。你可以说："嗨，伙计！今天我陪伴着你。"你会成为自己真正的朋友。

露易丝的回答让我想起了一个古老的苏菲派修行，叫作"亲吻朋友"（Kissing the Friend）。这里朋友的首字母是大写的F，是因为它指的是你的原始自我，就是那只满怀爱意并且深爱着你的灵魂之鸟。在亲吻朋友的过程中，我们会把自我——即自我形象带到这位朋友面前，体验"我值得被爱"这个基本真理。这次会面能够消除关于我们到底是谁的一切误会。它会帮助我们摆脱评判、批评和比较。

当我教授镜子法则时，我分享了德里克·沃尔科特（Derek Walcott）的一首诗《爱复爱》（Love after Love）。这是一首关于自爱的美丽诗篇，确定了原始自我的基本真理（我值得被爱）和自我的基本恐惧（我不值得被爱）之间的互动。沃尔科特将原始自我描述为"这个陌生人——从前的自己""最懂你的人"和"自始至终一直爱你的人"。他鼓励我们让原始自我与充满恐惧和评判的自我为友。"从镜中剥去自己的形象，"他写道，"坐下。尽情享受你的生活。"

露易丝同意回答学员们的提问。第一个问题是关于人们在做镜子练习时通常会犯哪些错误。

> 最大的错误就是不做镜子练习！有那么多人不做镜子练习，因为他们在进行尝试之前就认定那没什么

> 效果。一旦人们开始进行练习，就往往会被自我评判所拖累。你所看到的缺点并非真实存在，带着评判的眼光时，你只会看到缺点。只有爱，才能让你看到真正的自己。

下一个问题是关于进行镜子练习时一般会遇到哪些阻碍，以及是否还会有些日子发现自己难以进行镜子练习。

> 如果只是纸上谈兵，镜子练习无法产生任何效果。只有通过实践，它才能发挥作用。换句话说，镜子练习的关键在于采取行动，并且持之以恒。在不想练习的那些日子里，我会让自己一直待在镜子前面，直到感觉好起来。只有感受到自己被更多的爱意包围之后，我才会走出家门。毕竟，世界会反映出我们对自身的感受。

露易丝和我用最后一个问题结束了这段谈话。这一次我问她做镜子练习的最大收获是什么。

> 镜子练习教会了我爱自己，并且在我将近40年前患阴道癌时加快了我的康复。爱是灵丹妙药，当你愿意更多地爱自己，你生活的方方面面都会变得更加美好。

说到这里，露易丝走下讲台，以一贯的方式跟大家告别："记住，生命爱你。"

允许自己被爱

尽所能地去爱自己，

生命中的一切，

将把这份爱返还给你。

——露易丝·海《生命的重建》

我和露易丝去 A 先生餐厅共进晚餐，这是露易丝最喜欢的一家当地餐馆。我们享受着美味佳肴和勃艮第的美酒，圣地亚哥的美景尽收眼底。为了撰写这本书，我从伦敦乘飞机来和露易丝进行一场新的对话。我们都很高兴能在一起工作。餐间，我送给露易丝一件礼物。这是一面银色的袖珍镜子，上面刻着

"生命爱你"。露易丝笑了。她打开盒子，对着镜子里的自己。"嗨，露露，"她大声说，"永远记住，生命爱你，想要把最好的给你。一切都很好。"她停顿了一会儿，然后把镜子递给我。"该你了，伙计！"她眨着眼睛说。

露易丝和我为你设计的第一个结合了自爱和镜子练习的心灵练习。这个练习分为两部分。你需要大约15分钟的时间完成它，而它给你带来的益处将会持续一生。你需要准备一面镜子。什么样的镜子都可以。开始练习之前，一定要把它好好擦亮。你即将与生命中最重要的人会面。记住，你与这个人（即你自己）的关系会影响到你与每个人和每一件事物的关系。

> 让我们开始吧！用舒服的姿势坐在那里。看着镜子。深深地吸气。对自己说，生命爱你（或者生命爱我），然后呼气。这样重复10次，注意自己的呼吸。留意你每一次的反应，包括三种类型的反应：知觉（身体信息）、感觉（内心感受）和想法（头脑评论）。

我们建议你在日志中写下你的反应。露易丝和我也会这样做，可以跟进自己的进步。知觉包括心脏周围的紧张感、面部的紧绷感、眼睛周围的放松感和身体的轻盈感。感觉包括悲伤、哀痛、希冀和幸福。想法包括"我不能这样做""这不起作用"

等评论。请不要对你的反应做出评判。并不存在标准答案。不要试图让自己乐观，要实事求是。

请注意，只需要说"生命爱你"这几个字，不要再添加其他话语。不要说生命爱你，是因为……比如说，因为我是一个好人，因为我工作努力，因为我刚刚加薪，或者因为我的足球队赢了。同样，也不要说如果…，全世界就会爱我。比如说，如果我瘦了10磅，如果我治愈了癌症，或者如果我找到了女朋友。**这种爱是无条件的爱。**

在你完成10轮生命爱你的肯定句后，请看着镜子，对自己说这样的肯定句：今天我愿意接受生命对我的爱。再次留意自己的反应。记住保持呼吸。重复这句话，直到你身体舒适，内心轻松，想法愉悦。意愿是关键所在。只要心甘情愿，一切皆有可能。

"请告诉大家在做这项练习时，要尽量对自己友好。"我为本章写笔记的时候，露易丝对我说。"我知道一开始做镜子练习可能会很有挑战性。它揭示了你最基本的恐惧和最可怕的自我评判。但如果你继续照镜子，你就会透过这些评判看到真正的自己。"露易丝接着说，"你对镜子练习的态度是成功的关键。要以轻松有趣的心态来对待练习。如果可以的话，我希望大家叫它镜子游戏，而不是镜子练习。"

露易丝和我希望你在一周内每天都进行这个心灵练习。我们希望你可以从今天就开始，事不宜迟。"根据我自己的经验，我知道无论我今天有什么借口，我明天仍然会有。"露易丝告诉我。记住，镜子练习不是纸上谈兵，只有通过实践，它才能产生效果。你不必喜欢或者认同这个练习，只需要去做。慢慢就会变得容易。**如果你用爱和接纳去对待它，你所体验到的任何不适或阻力都会消失。**如果你愿意，可以在信任的朋友、治疗师或教练的支持下做这个练习。

第一个练习的真正目的是帮助你有意识地将自己与"我值得被爱"的基本真理联系起来。当你觉得自己值得被爱时，你就会体验到一个爱你的世界。记住，世界是一面镜子。对自己说"我爱你"和"生命爱你"之间没有真正的区别，都是相同的爱。**当你允许生命爱你时，你会觉得自己值得被爱；反之亦然，当你觉得自己值得被爱，你就允许生命爱你。**现在你已经准备好做真正的自己了。

请注意：做这个练习不是为了让你变得值得被爱，你已然值得被爱。在当下，你就是爱的神圣表达。不是为了让你变得有价值，你已然有自己的价值。不是想要让你提升，而是接纳自己。不是想要改变你，而是改变你对自己的想法。不是要重新塑造你，而是让你更多地做真正的自己。

在第一章的结尾，我们献上一篇我经常在研讨会分享的祈祷文，名为"爱的祈祷"。我们认为它很好地总结了本章的核心内容：爱和接纳。

亲爱的，

你无法通过评判来了解真正的自己。

关于你的真相无法被评判。

抛开你的评判，

在这个甜蜜神圣的时刻，

让我向你展示

一件神奇的事。

看看做自己是何等感觉，

当你停止评判自己。

你评判的只是一个形象。

停止评判之后，

你会重新认识自己。

爱会出现在你的镜子里。

以朋友的身份问候你。

因为你值得被爱。

你由爱创造。

肯定自己的人生

第二章

欲知前世因，今生受者是，

欲知来世果，今生作者是。

——佛陀

我的两个孩子（波儿和克里斯托弗）都很喜欢露易丝，我知道她也一样喜欢他们。看他们待在一起是件有意思的事。露易丝对他们并不溺爱。她不会挠他们痒痒，也不会逗他们。她并不会把6岁的波儿当作一个"大姑娘"或"好女孩"，而是把她当作一个真正的女孩。在露易丝眼里，3岁的克里斯托弗也堪称一个真正的男孩。露易丝根本不会摆出大人的架子。一切都那么自然。他们在一起的样子，让我想起电影《欢乐满人间》（*Mary Poppins*）里仙女玛丽与简和迈克尔互动的美好画面。

克里斯托弗第一次见到露易丝时，他径直跑到她跟前喊道："你想看看我的牙齿吗？"露易丝考虑了一下他的提议说："好的，我想。"然后克里斯托弗抬起头展开了笑容。"谢谢你。"露易丝说。"不客气。"克里斯托弗说。他以前从未对任何人这样做过，从那以后也没有。后来，我问露易丝牙齿的意义是什么。她淡然地说："**牙齿与做出正确的决定有关**。他只是在告诉我，他知道自己的想法，他有能力做出正确的决定。"

我们第一次到露易丝家拜访时，露易丝带波儿进行了参观。首先，她让波儿看那张巨大的圆形餐桌，她把它画成了一个由星系和恒星组成的漩涡宇宙。"爸爸，我想粉刷我们的餐桌。"波儿告诉我。露易丝随后给她看了她正在创作的一幅有关河马的油画，名为《正在跳伦巴舞的奥斯瓦尔德》（*Oswald Doing* *the Rhumb*a）。"奥斯瓦尔德是一只快乐的河马，"露易丝说，"他总是很开心，因为他知道自己很有创意。"在花园里，露易丝告诉波儿怎样从地里拔胡萝卜和甜菜根。她们还采摘了甘蓝和糖豌豆。现在，我们自己家也有了一个菜园。

波儿把自己做的第一个手镯送给了露易丝。她自己精心挑选了玻璃和陶瓷珠子，并坚持说这是送给露易丝的礼物。露易丝有时会给我发电子邮件说："告诉波儿，我今天戴着她的手镯。"在我们拜访之后几天，露易丝给我发了一封电子邮件，这封信让我心生欢喜。她写道："告诉克里斯托弗，我卧室的窗户上还有他的小手印。有一天我会把它洗掉，不过现在还没有。"

回到伦敦的家里，我们的早餐仪式之一就是分享露易丝《我能做到》日历上的每日肯定句。波儿喜欢在早起后或者睡前读故事。她最喜欢的书单里有两本是露易丝写的儿童读物。一本是《镜中的我》（*I Think, I Am!*），它教会孩子们肯定的力量。另一本是《露露历险记》，这是一本帮助孩子们找到自信和创造力的故事集。

"露露就是我小时候想要成为的那个女孩，"露易丝说，"**她知道自己值得被爱，全世界也爱她。**"露露和波儿年龄相仿，她们都留着长发，也都有一个弟弟。她们有时会害怕，有时会受伤。生活教会她们如何倾听内心的声音，如何勇敢地生活。露露唱的歌曲中有一段是这样的：

你可以成为你想成为的人，

你可以做你想做的事，

你可以成为你想成为的人，

生命的一切都支持你。

有一天，我和波儿在谈论露易丝，波儿问了很多问题。"你为什么这么喜欢露易丝？"我问她。波儿想了一会儿，然后笑着说，"我喜欢她思考的方式。"

你的智慧
光芒四射

"我高中就辍学了，"露易丝说，"有人说我不太聪明，我也是这么告诉自己的。"

"你会如何描述在学校的经历？"我问她。

"糟透了。我很拘束，没有安全感，也没有朋友。"

"为什么没有朋友？"

"我的父母手头并不宽裕。我穿着别人送的旧衣服，留着糟糕的发型，是继父给我剪的。为了预防疾病，我不得不吃生蒜，这也让所有的孩子都对我敬而远之。"

"你和老师相处得怎么样？"

"老师们和我不在一个频道上。"露易丝说。

学校存在的意义到底是什么？ 我接受教育的经历让我无所适从。我记得可怕的老教师和恐怖的代数课，还有体罚，休息时间很短，午餐总是吃肉冻。肉冻是什么？能算得上真正的食物吗？我的成绩单上说我是一个彬彬有礼、潜力无穷的男孩。在哪方面有潜力？我自己从未发现。我记得有一次因为缺乏创意而受到责骂。

"霍尔顿，要有创意！"老师喊道。他的话实在让我伤心。

"我迫不及待地想离开学校。"露易丝坚定地说。

"你的话让我惊讶，"我告诉她，"在终身学习方面，你是我的榜样，你总是乐于学习新事物。"

"我不明白为什么要记住各种战争发生的日期、学习工业革命和政治史。"她告诉我。

"你考试考得怎么样？"我问。

"大部分都不及格。"露易丝说。

没有灵魂的教学大纲。对于自己所受的教育，我是这样描述的。课程设置建立于对智力的狭隘定义基础之上。这是一种智力训练，专注于"头脑层面"的智力。我们学习逻辑和识字，记忆和背诵事实和数字。**人们很少关注心灵的智慧以及如何找到内心的声音。**和露易丝一样，我的学业也并不出色。**我所受的教育暴露了我所有的弱点，却没有显露出我的优势。**

西格蒙德·弗洛伊德（Sigmund Freud）观察到："多么令人沮丧的对比啊！孩子们光芒四射的聪明才智与普通成人死气沉沉的心理状态。"我们每个人生来都有灿烂的智慧。想要学习和成长是我们的心灵 DNA。心理学研究表明，3岁左右的幼儿每天会问多达390个问题。每一位父母都可以证实这些发现。孩子们天生就热爱学习，而这种热爱可能会得到滋养，也可能被扼杀在摇篮中。

孩子们需要一位"仙女教母"来帮他们培养对学习的热爱。这位仙女教母可能是一位慈爱的父母、一名优秀的教师，或者一个性格古怪的阿姨。仙女教母也可能化形为一件乐器、一匹小马或其他能唤起巨大热情的事物。露易丝回忆道："我小时候喜欢画画，并且我总是让自己的桌子保持干净整洁。""我还会花好几个小时阅读。我特别喜欢童话。我的想象是一个安全而美好的庇护所。"

当我进入大学学习心理学和哲学时，我重新找到了对学习的热爱。我从中学的 C 等生变成了成绩优异的 A 等生。这是怎么发生的？和中学不同的是，我现在可以自由选择想学习的科目了。终于，我开始学习自己感兴趣的事物。我不仅仅是为了谋求一份工作或者获得一笔收入而学习。我在追逐一种热爱，在寻找自己内心的声音。

一切
皆有可能

　　露易丝和我在她家吃饭。我们坐在那张巨大的圆桌旁，桌子上的图案是有各种星系和恒星的漩涡宇宙。我们正在谈论，这个世界并不是物质的，实际上是一种精神状态。我手里拿着笔，我们正在起草一份为灵魂设立的教学大纲——一份我们希望孩子能在童年时学到的课程清单。到目前为止，这份清单包括自我接纳、爱、冥想、营养、真正的幸福、宽恕和想象力等课程。

　　"想象一下，如果你可以给这个星球上所有孩子上一节课，你会教他们什么？"我问。"太棒了！"露易丝说。她略作沉吟，思考着一些选项。感觉到她已经找到答案之后，我问她这门课是什么。"这门课叫作'和你的心灵交朋友'。"她笑着告诉我。

　　"那你会怎么开场呢？"我问。

　　"当然是用镜子练习，"她笃定地回答，"所有的老师和家长也必须参加。"

"你会在课堂上教什么？"我问。

"我们会先从看着镜子说'生命爱你'这个肯定句开始。"

"生命爱你。"我重复一遍，让这种肯定深入内心。

"然后我们会对镜子说，我爱你，我真的爱你。"她说。

"我爱你，我真的爱你。"我肯定地说。

"我们也会说，我的心灵非常有创造力，今天我选择充满爱和快乐的想法。"她说。

"太美了。"我告诉她。

"当我们爱自己时，我们自然会产生美好的想法。"她告诉我。

我们脑海中的大多数想法都并非我们真正的想法，而是一路走来所接受的一堆判断、批评、怀疑以及评论。这些所谓的想法并非来自我们原始自我的初心（original mind），而是源于相信"我不值得被爱"这一基本恐惧的自我形象。这种恐惧并非天生而来，而是后天习得的。所有神经症的根源都在于此。

"婴儿不会批评自己。"露易丝说。没错。无法想象会有哪个刚刚出生的宝宝会嫌弃自己的皱纹。**婴儿不会觉得自己不够好。**他们似乎不会评判自己或他人不够优秀、不够可爱、不够聪明或不够成功。**婴儿不会怀有怨恨。**相反，眼泪还未擦干，他们转眼就将不快抛诸脑后，真是令人惊讶。**婴儿也并不悲观。**他们从不放弃对未来的希望。他们仍然保持着初心，他们拥有无限可能。

我们的初心显现出"我值得被爱"的这一基本真理。这是一种爱的觉察——一种光芒四射的智慧，丝毫不存在"我不值得被爱"的恐惧。迈克尔·尼尔（Michael Neill）是我和露易丝都非常喜欢、尊重的一位作家。迈克尔教导人们该如何思考。"在任何时刻，我们不是和自己的思维相伴，就是在爱里。"他说。换言之，我们联结的不是自我形象的心理活动，就是原始自我的纯粹意识。

露易丝认为，对原始自我的觉察，就是接纳一切皆有可能。"这是我从我早期的老师埃里克·佩斯（Eric Pace）那里学到的一句话，"露易丝说，"40多岁的时候，我在纽约的宗教科学教堂遇到了埃里克。当时我刚离婚不久。我觉得自己不值得被爱，没有人爱我。埃里克告诉我，只要改变自己的想法，就可以改变自己的生活。每次你放下一个限制——评判、批评、恐惧或者怀疑，你都会敞开心扉，接纳存在于你初心的无限智慧中的全部可能性。"

那么我们怎样才能体会到自己的初心呢？在"爱的能力"课程中，我教授了一个很好的探究方式。如果愿意尝试的话，你只需要为自己创造一个安静的空间，就像在做基本的冥想练习一样。让自己的身体放松，把手放在胸前，让你的思绪静止。然后问自己这个问题：当我不评判自己的时候，会是什么感觉？每分钟重复一次这个问题，持续15分钟，经过练习，你一定会体验到对自己的初心充满爱意的觉察。

在最近的一次"爱的能力"研讨会上，我当众向学员阿曼达（Amanda）教授了这个探究方式。她对"当我不评判自己的时候，会是什么感觉？"这个问题的第一反应是：**我不确定自己是否有过不评判自己的时候。**当我们忘记"自己值得被爱"这一基本事实时，我们就可能会有这样的感受。慢慢地，阿曼达找到了自己的节奏。探究结束时，她说自己"置身天堂"。在对大家进行反馈时，阿曼达说："我从来没有想过，自己会感觉这么棒。"

我建议你通过一个简单的练习来继续这样的探究。那就是把下面的句子补全，连续补充5次：如果我对自己的评判少一点，可能会发生的一件好事是……不要粉饰自己或评判自己的答案。让自己的初心与你对话。允许自己拥有无限可能。让"自己是值得被爱的"这一基本真理激励和引导你。

我们内心的
困扰

在进入伯明翰城市大学的第一年，我上了此生最受益匪浅的一课。这是一场关于认知疗法的演讲，由客座讲师安德森博士（Dr. Anderson）讲授。讲座的题目引起了大家的兴趣："你真的确定以及肯定爆胎会让你头痛吗？"安德森博士的外形很像演员迪克·范·戴克（Dick Van Dyke）。他诙谐风趣，我们一下子就喜欢上了他。

安德森博士简要概述了认知心理学的历史。他提到了该领域先驱亚伦·贝克（Aaron Beck）和阿尔伯特·埃利斯（Albert Ellis），并谈到了最近认知行为疗法的兴起。不过，他坚持认为认知心理学并非一门全新的科学。

"请允许我向您介绍一位认知心理学的创始人。"他一边向我们挥舞着一本小书一边说。他告诉我们，他手中的那本书包含了数千年前的智慧。"如果可以的话，我想把这本伟大巨著的第一段读给你听。"他一边说，一边翻开导论部分。

安德森博士读道：

> 欲知前世因，今生受者是，
>
> 欲知来世果，今生作者是。
>
> 一切唯心造。

安德森博士抬起头来，张开双臂，就像一位交响乐指挥家在音乐会结束时谢幕一样。他满怀喜悦，似乎在说："看呐，我已经告诉了你们造物的秘密。"没有人鼓掌，但他的举动无疑吸引了我们的注意。他读的那本书是《法句经》(*The Dhammapada*)，佛陀法句的集录。

安德森博士说："如果你确确实实相信爆胎会让你头痛，请举手。"每只手都举了起来。"不对。"他断然说道。"是的，可以。"我们抗议道。"怎么会？"他问道。他提出，只有当轮胎从车轮上脱落，弹到一棵树上，然后又弹到你的头上时，爆胎才会引起头痛。我们承认了他的观点。"真烦人！"一个学生说，他不喜欢这个讲座。安德森博士说："如果你确确实实相信一场讲座会让你感觉烦人，请举手。"

你是如何体验这个世界的？这是安德森博士提出的真正问

题。如果你能用放大镜仔细看看你过去的体验，就会发现这种体验是由环境和你对环境的想法组成的。

生活是由事件和你对这些事件的想法组成的。露易丝说："当我被诊断出患有癌症时，我首先要处理的是对癌症的想法。我必须首先对我的想法进行疗愈，这样我才能用勇气、智慧和爱来治疗癌症。"

重要的在于你的想法。你对自己生活的体验对你来说是独一无二的，因为只有你才能体会自己的想法。这就是为什么任何两个人都会以不同的方式处理类似的情况。这里有一个很好的例子。

去圣地亚哥拜访露易丝后，我乘坐英国航空公司的航班返回伦敦。飞机遭遇了90分钟不间断的剧烈颠簸。我们都遇到了湍流，但是我们应对的方式却不相同。一位女士一遍又一遍地尖叫："我不想死！"她不得不服用镇静剂。

在几个座位之外，两个小男孩面对着每一次剧烈的颠簸和跌落，发出一阵阵大笑。他们玩得很开心。还有一位英国男士则闭上眼睛坐着，深呼吸，并且对自己说："生命爱我们，一切都会好的。"

想法并非现实。我送女儿波儿去学校，这段路需要30分钟左右，具体要看交通状况。一路上，我们都在谈话。波儿很喜欢她的学校，但她不愿意跟我告别。"我知道这只是我的想法，爸爸。"她有一次说。"善待那些想法，让他们知道你没事。"我说。

波儿沉默了一段时间，然后她问了一个问题（她每天大约要问390个问题）："想法是由什么组成的？"多好的问题啊。当**我们知道想法只是一个念头——是现实的一个版本，而并非现实本身时，我们体验生活的方式就会变得不同。**

你可以选择自己的想法。有一天我和露易丝出去散步。我们走在她家附近的一条观景小径上。高大古老的桉树为我们遮挡了明媚的阳光。我们讨论了"你可以选择自己的想法"这个法则。

"这个法则到底意味着什么？"我问露易丝。她说："这意味着，你的想法其实没有任何力量，除非你赋予它们力量。"想法只是一些念头——意识中的可能性，只有当我们对想法产生认同时，想法才会变得强大。"你是自己心灵唯一的思考者，你可以选择自己的哪些想法为真，哪些想法为假。"露易丝说。

我们唯一需要面对的就是想法，而想法是可以被改变的。这是我最喜欢的露易丝的处世原则之一。大多数时候，我们陷入痛苦之中，是因为感应到对某些事的想法。**痛苦是心造的。**这是一个迹象，表明内在正在遭受折磨。而摆脱痛苦的方法是与你的心灵为友，并提醒自己：**这一切都是你自己想象出来的。**
幸福只在一念之间。例如：

当你3岁的儿子为了欣赏你脸上的表情，又把车钥匙放进马桶时，你可能会生气，或者你可以选择一笑置之。

当你6岁的女儿要求你穿上她母亲的婚纱时，你可以理智地说"不"，或者你可以选择创造一个绝佳的拍照机会。

当你的妻子把你最喜欢的1989年波尔多葡萄酒放在意大利面酱里时，你可以为此跟她大吵一架，或者选择化干戈为玉帛。

当一个章节刚刚写到一半时，你的电脑突然崩溃了。你可以报复性地宣称这世上根本没有救世主，也可以寻求更多帮助和指导。

当事情不顺心时，你可能会想，全世界都在跟我作对，或者你可以选择去寻找隐藏的祝福。

探究
的力量

我在为一家全国性报纸撰写一篇文章。写作并不太顺利。编辑给我下了最后通牒："理想情况下，昨天就应该发我1000字。"我已经在电脑前待了2个多小时，屏幕仍是一片空白。我已经写下1000多个字，但我脑海中的声音说"这些文字一无是处"。那个声音，那个不喜欢我写作内容的声音，对我来说很熟悉。声音很刺耳，让人感觉冰冷而尖锐。这是我内心的批评家。

那天早上，我内心的批评家牢牢地掌控着我，让我无法落笔。我本来有一个很好的构思要写，但连一行都写不了。我写出来的任何东西都会被内心的批评家评判为不够好、不够有趣或不够原创。我一次又一次地试图重新调整自己。

深呼吸、喝口咖啡、说令人鼓舞的肯定句。可是幸运丝毫没有眷顾我。我浪费了半个上午，绝望得想要薅自己的头发。但我没有这样做，因为我以前试过，并没有什么用。至少，这对我没有什么效果。

当我的作家生涯即将因此落幕时，我突然灵光一现。我脑中的另一个声音对我说话了。这个声音听起来柔和、温暖、洪亮，也很亲切。这个声音对我说："你内心的批评家从未发表过任何文章。""什么？"我倒吸了一口气。"这确实是真的吗？"显然如此。我内心的批评家——那天早上让我无法写文章的声音——一篇文章也没有发表过。

多年来，**我一直忠实地倾听内心批评家的声音，从未想过要审核它的资历**。我只是认为它所言不虚，但它从未写过书，甚至都没有博客。难怪它无法告诉我应该如何写作。哇！我感觉到浑身上下都无比轻松。我知道自己必须紧跟着另一个声音，它告诉我这个惊人的见解。"我现在该怎么办？"我问那个亲切的声音。"让内心的批评家放松一下，休一天假。"它说。我照做了，于是思如泉涌。

"觉察是改变一切的第一步，"露易丝说，"只有觉察到自己在做什么，你才能做出改变。"那天早上，当我坐在电脑前时，我允许自己获得了一种新的觉察。我让自己看到我正在做什么。这种突如其来的领悟，在情商理论（emotional intelligence theory）中被称为神奇的四分之一秒，足以阻断由来已久的自我批评模式。内心的批评家仍然时常对我的作品发表意见，但有了新的觉察之后，现在我知道该怎么做了。

我工作的核心是探究。我指导人们利用自我探究来提高自我觉察，从而提升幸福感。**我坚信大多数人不需要更多的治疗，他们需要更加认清自己。**换句话说，你是谁的本质，即原始自我不需要修复或治愈，因为你并没有真正损毁。你感到痛苦，是因为心理活动带来了困扰。露易丝说："甚至连自我厌恶都只是一种想法，而且这种想法是可以改变的。"自我觉察给予我们选择的机会。

谁教会了我们如何思考？在我的培训项目中，我会提出这个问题。大多数人从未想过这一点。我们并不会真正地质疑自己的想法。"孩子们通过模仿来学习。"露易丝说。的确如此。有人教会了我们如何思考。我们以某个人为榜样。猜猜是谁？你知道吗？露易丝说："我们大多数人在5岁的时候就形成了对自己和世界的看法。"露易丝在她的著作《生命的重建》中写道：

> 倘若我们从小就被教导说，这世界是个可怕的地方，那么我们所听见的任何事只要符合这个观念，我们就会认为它是真的。诸如"别相信陌生人""晚上不要出门"或"别人会欺骗你"，这些想法也一样。

> 另一方面，如果我们从小就被教导说，这个世界很安全，那么我们也会很轻易地接受其他的信念，例如"处处都有爱""别人都很友善"，以及"我总是拥有我需要的一切"。

没有自我觉察，我们就无法更新自己的思想，因为自我觉察让我们能够质疑自己的想法。最糟糕的情况是，**我们带着从父母或其他人那里借来的二手思想东奔西跑，并且仍然在使用旧的操作系统"思维 5.0"——即5岁时的思想。**所谓"我的思想"其实并不属于我们自己，而且早已过时。在看到这一点之前，我们的生活无非是老调重弹，并且无论我们有多么努力，也不会有任何改变。

另一个很好的探究练习是询问：是谁在想"我的"想法？这里有两个层次需要考虑。首先，要调查你观察到的想法是你的还是别人的。例如，自我批评是一种家族模式吗？你的自我批评反映了你母亲的自我批评还是她对你的批评？你评判自己的方式反映了你父亲的自我评判，还是他如何评判你？你的人生哲学是否反映了你家庭的理念？你应该了解自己在以谁为榜样，并且知道你可以选择自己的想法。

第二个层次带你进行更深入的探究。在这个层次，你需要观察这种想法反映的是哪一种。

a）"我值得被爱"的基本真理，它反映了原始自我的初心。

b）"我不值得被爱"的基本恐惧，它反映了自我形象的内心活动。

换句话说，这种思想是灵魂的思想还是自我的思想？哪个"我"正在产生这个想法？让我们来看一些例子：

我不知道：当你对自己说"我不知道"，这是你真正的意思，还是你想说，我觉得自己不知道？这两者有天壤之别。"每次你说'我不知道'时，就关上了通往内心智慧的大门，"露易丝说，"但当你对自己说'我想知道'时，就向更高自我的智慧和支持敞开了心扉。"

我还没有准备好：当你听到自己说"我还没有准备好"是你的灵魂还是你的自我在说话？很多人在开启新的人生经历之前，例如结婚、生子、创业、写书或者进行公开演讲，都会产生这种想法。你真的还没准备好吗？如果是这样的话，请寻求更多帮助。如果没有，告诉你的自我，放松下来，让你的灵魂指引方向。

我年纪太大了：我们一辈子都在想"我还没准备好"，突然有一天我们的想法就变了。我们不再想"我还没准备好"，却开始想"我年纪太大了"。这是谁说的？你的灵魂有多大年纪了？你确实年纪太大，还是觉得自己毫无价值、感到畏惧，或者其他？当你观察自己的想法，暂停内心的评判，你就会看到真正的想法是什么。

我做不到："想法只是一个念头，"露易丝说，"你不是在用灵魂的思维思考，就是在用自我的思维思考。"在露易丝的著作《生命的重建》中，我最喜欢的一章是"这是真的吗？"如果你还没有读过，请务必阅读。如果你读过，请再读一遍。每一个未经检验的恐惧都是100%真实的，直到你仔细地审视它。

 练 习 二

十点法

露易丝和我在圣地亚哥以北几英里的拉荷亚的托利潘度假酒店共进午餐。我们的餐桌俯瞰着托利潘高尔夫球场，这是世界上最美丽的市政球场之一，2008年这里主办了美国高尔夫公开赛。露易丝知道我非常喜欢高尔夫运动，到这里来我非常兴奋。我告诉她，我会向海氏出版公司的总裁里德·特雷西建议，今年在这里举行一年一度的公司高尔夫锦标赛。"一切皆有可能。"露易丝笑着说。

整个上午，我们都在谈论思维如何影响我们对世界的体验。"高尔夫绝对是一种思维的游戏。"我对露易丝说。"每一件事情都是。"她回答。我告诉她我最近参加了英格兰康沃尔郡圣恩诺多克度假屋的一场锦标赛。和托利潘一样，这个球场设置在海岸上，在刮风的时候，就很难控制自己的球，不免会让人心烦意乱。

在这一轮比赛中，我的对手打了120杆，这个成绩高于标准杆30杆左右。开局时，他打得不太理想，并且情况越来越糟糕。我看着他内心的批评家占了上风。后来，他发现没法再压住心头的烦躁，每打出一杆，他都会大声喊："我太蠢了。"或者其他类似的话。

"这是一种肯定。"露易丝说。他的思维就像一个巨大的沙坑，让他深陷其中无法摆脱。**"如果你不知道如何改变你的思维，你就无法改变你的体验。"**露易丝告诉我，这话听起来像一个真正的高尔夫职业选手会说的。

那天下午，露易丝和我继续谈论改变自己思维的话题。"我无法改变任何人的生活，"露易丝说，"只有你自己才能改变自己的生活。"

"那你做些什么呢？"我问。

"我会告诉人们，思维是非常有创造力的，**当你改变思维**

方式，就会改变你的生命。"

"所以你教人们如何思考。"我说。

"除非有人能让你看到外在体验和内心想法之间的联系，否则你将一直是受害者。"她说。

"他们会觉得全世界都在跟他们作对。"我说。

"可是这个世界并没有跟我们作对，"露易丝说，"真相是，我们都是值得被爱的，我们也被爱着。"

"这种觉察让我们可以接纳一切的可能性。"我说。

"一切的可能性总是与我们同在。"露易丝说。

我告诉露易丝，她的现场演讲"一切皆有可能"（The Totality of Possibilities）是我最喜欢的演讲之一。她在演讲中说："一生之中，我一直都看到人类的真相。我看到他们存在的绝对真相。我知道神就在他们身上，他们自身就是神性的表达。"露易丝并没有谈论积极思考。事实上，我想我从来没听露易丝说过"积极思考"这个词。露易丝并不认为存在积极的或是消极的思维，思维始终都是中性的。而我们应对自身思维的方式可以是积极或者消极的。

"那么，我们如何真正改变自己的思维呢？"我问露易丝。

"你必须改变你与思维的关系。"她说。

"怎么做？"

"记住你是自己想法的思考者。"

"做思考者，而不是成为想法本身。"我说。

"思考者是有力量的，而想法没有力量。"她回答道。

"留意评判，但不要当评判者，"我说，**"留意自我批评，但不要成为自己最苛刻的批评家。"**

我又和露易丝谈起了我那位高尔夫对手的自言自语。他没有喊"这一杆打得太差了"，他喊的是"我太蠢了"！他的自我对话评论的并不是高尔夫球比赛，而是他自己。他迷失在自己的想法之中。他对每一项评判都非常认同，因此把自己当成了评判者。他的自我批评也是如此。他成了自己最苛刻的批评家。他的思想已经偏航了。他可能没有意识到，他内心的批评家从未赢得过高尔夫锦标赛。

"你的想法反映了你与自己的关系。"露易丝提醒我。

"而想法是可以改变的。"我说。

"是的，因为你是自己想法的思考者。"她说。

"我们如何开始改变自己的想法？"我问。

"在镜子前说肯定句。"露易丝说，好像答案是显而易见的。

"什么是肯定句？"我问她。

"肯定句是一个全新的开始。"她回答说。

露易丝用肯定句改变了她的生命。"我领悟到，我们的每一个想法、说的每一句话都是一种肯定。"她告诉我。"它们确认了我们所相信的什么是真实的，也确认了我们对生活的体验。"抱怨是一种肯定。感激是一种肯定。每一个想法和每一句话都肯定了某些东西。决定和行动也是肯定。你选择穿什么衣服，你选择吃哪种食物，你选择或者放弃哪些锻炼——他们都在肯定你的生命。

"当你说出肯定句的那一刻，就走出了受害者的角色。"露易丝在她的著作《心灵思绪》中写道。"你不再无助。你承认了自己的力量。"肯定句会把你从日常无知无觉的沉睡中唤醒。它们帮助你选择自己的想法。它们帮助你摆脱过去的限制性信念。它们帮助你更加活在当下。它们帮助你拥抱美好的未来。露易丝说："你今天所肯定的，将为明天带来新的体验。"

和露易丝多待一段时间，你就会发现，肯定句并不仅仅存在于她的脑海，在她的生活中也是无处不在的。她并不只是在早上做10分钟的肯定句练习，然后在接下来的时间里做自己该做的事情。肯定句一整天都陪伴着她。为了提醒自己，她在家里各个地方精心地放置了一些肯定句。在浴室镜子上是"生命爱我"；大厅里的电灯开关上是"一切都很好"；在厨房的墙上是"我眼前所见只有美好"。她车上贴的那句是："我祝福并庇佑我生命中的每一个人，而他们也都祝福并庇佑着我。"

现在该向你介绍"生命爱你"的第二种心灵练习了。它的名字叫作"十点法",需要你在整整一天里的不同时间练习一个肯定句。我们建议你从本书的主题开始练习。我们邀请你在早上对着镜子大声说10遍"生命爱你",然后开始新的一天。你也可以把这个肯定句改成:

今天我愿意接受生命对我的爱。

今天我允许自己接受生命的爱。

今天我同意自己接受生命的爱。

我很感激生命爱我。

生命爱我,我觉得很幸运。

接下来,我们希望你在一整天都能看到的那些地方放置10张小贴纸。你可以在大多数文具店找到自粘贴纸。任何形状都可以:圆形、星星、心形、小天使、笑脸。把这些贴纸粘在镜子、水壶、冰箱、汽车方向盘或仪表板、钱包、电脑屏幕上,或者是你可以经常看到的任何地方。每当你看到贴纸,就要有意识地说"生命爱我"。

我们鼓励你用一周的时间来练习"十点法"。"要对自己保持耐心,"露易丝说,"我说了三次肯定句,然后就成立了海氏出版公司,但事情一般并不会那么顺利。"一开始遇到一些阻力是很正常的。此外，你可能会发现，自己产生了与肯定句相背离的想法和感受，这些想法和感受反映了"生命并不爱我"的信念。记住，这句肯定句是一个全新的开始。它会重新调整你的思维，逐渐靠近"我值得被爱"的基本真理。这很可能需要一段时间的调整。坚持下去。就像镜子练习一样，如果只是纸上谈兵，肯定句无法产生任何效果，只有通过实践才能发挥作用。

跟随内心的喜悦

第三章

如果你想知道真相，

我就告诉你真相。

听听那个神秘的声音，

真实的声音，

它就在你的内心。

——迦比尔（Kabir）

露易丝和我再次坐在镜子前，那是她在圣地亚哥住所办公室里的镜子。今天我们要探索"生命爱你"的意义。"'生命爱你'是一个美好的肯定句，"我说，"但它不只是一个肯定句。"露易丝向我露出会意的微笑。"我希望如此。"她说。

"生命爱你"给予我们一个基本的生活哲学。这句话是一个路标，指引我们走向造物的核心，我们彼此之间的关系，以及我们的真实本性。"生命爱你"让我们了解真正的自己，以及如何过上真正幸福的生活。

"'生命爱你'对你来说意味着什么，露易丝？"我问。

"生命爱我们每一个人。它并不只是爱你，或者只是爱我。"她回答。

"所以我们都包含在内。"我说。

"生命爱我们每一个人。"她重复道。

"爱必须包括我们所有人，否则就不是爱。"我说。

"是的，没有哪个人会更加特殊。"露易丝说。

"在爱的面前，所有人都是平等的。"我说。

"是的，没有人被排除在外。"她说。

"没有例外！"我补充说。

对一些人来说，这可能是一种新的思维方式，但它并非一种新的哲学。自古以来，哲学家和诗人就观察到，我们所有人都存在一种基本的关联。在《爱的哲学》（*Love's Philosophy*）中，诗人珀西·比希·雪莱（Percy Bysshe Shelley）以一种充满灵性和美感的方式探索了这种关联。这是我最喜欢的爱情诗之一。我总是在"爱的能力"课程开场时朗诵它。诗的开头写道：

> 泉水总是向河水汇流，
>
> 河水又汇入海中，
>
> 天宇的轻风永远融有
>
> 一种甜蜜的感情；
>
> 世上哪有什么孤零零？
>
> 万物由于自然规律
>
> 都必融于一种精神。
>
> 何以你我却独异？

我们天生是为彼此而创造的。我们所有人都包括在内，毫无例外。神秘主义者和科学家一致认为，在超越时空的更深层次的现实中，我们都属于一个整体。爱因斯坦认为，我们对分离的感知是一种"视觉错觉"（optical delusion）。美国量子物理学家戴维·玻姆（David Bohm）是爱因斯坦最著名的学生之一，他确认宇宙是不可分割的，是一个互相关联的整体。我们属于彼此。

"世界对你的爱是无条件的。"露易丝说。

"这是什么意思？"我问。

"你不会被评判。"她非常坚决地回答。

"也不会被批评。"我补充道。

"不会，也不会被考验。它也不想为难你。"露易丝说。

"我想这里的'你'指的是灵魂之鸟，我们的原始自我。"

"是的，生命爱你，真正的你。"她说。

"生命爱我们的本来面目，而不是我们认为自己必须成为的模样。"我说。

"就在当下，生命爱你！"露易丝强调。

"生命爱你"用的是现在时态。就是说，并不仅仅在你还是个年幼懵懂的孩子时，生命才会爱你。并不是等你改变了，生命才会爱你。露易丝说："即使我们不爱自己，生命也仍然爱我们。"我们俩停顿了一下，让自己完全领悟这种觉察。我们爱自己的时候，觉得"生命爱我"这句话是自然可信的。而反之，如果我们不爱自己，这句话似乎太过美好而显得不真实。《奇迹课程》里的一段话突然出现在我的脑海里，我分享给露易丝听。

爱的宇宙不会

因为你看不到而停下，

闭上双眼也不会让你失明。

看看他创造的荣耀，

你会了解

神为你保留了什么。

　　"让我们谈谈'生命'的含义吧。"我对露易丝说。"那好吧。"她回答，疑惑地看了我一眼。我问她在"生命爱你"这句话里，"生命"指的是什么。她说是指我们的创造者，可以是宇宙、圣灵、天主、神明或者上帝。我感觉到她不愿意使用"上帝"这个词，就提出了这个问题。她告诉我："我喜欢用'生命'这个词，因为它不是一个宗教词语。"我理解她的不情愿。"我们用上帝创造了一个宗教，真是太令人遗憾了。"我说。

　　"'生命爱你'是一种精神哲学，而不是宗教哲学。"露易丝说。

　　"生命是完全不带任何歧视的。"我说。

　　"是的，"露易丝说，"'生命'比上帝所有的名字加在一起还要宏大。"

　　"那么，'生命爱你'和'上帝爱你'的意思一样吗？"我问她。

"是的，但前提是上帝不是在高空窥视你的那个人，而是无条件的爱。"

"阿门。"我说。

"生命爱你"是一种爱的哲学，它认为爱是灵性层面的，而不仅仅是浪漫的爱情。其他哲学流派，包括基督教神秘主义、苏菲派（Sufism）、卡巴拉教（the Kabbalah）和奉爱瑜伽（Bhakti Yoga）等，都认为爱不仅仅是一种情感或者性爱。"生命爱你"中的爱指的是造物的心灵，是宇宙的意识。它与个人神经症和自我的心理活动毫无干系。"爱是一种无限的智慧，"露易丝说，"它爱自己所有的创造，如果你愿意接受，它会引领你，指导你。"

"让我们看看与'生命爱你'相背离的是什么。"我对露易丝说。她诧异地看了我一眼。"好吧，'生命爱你'并不是让我们一意孤行，而是要摆脱内心的桎梏。"她笑着说，"**生命对我们每个人都有安排。这个安排是为了我们每个人的最高利益，也是为了所有人的最高利益**。它是一个宇宙计划，比任何自我满足更为宏大。它把我们的最高利益放在心上。我们所能做的就是让爱引领我们前进。"

"你第一次产生'生命爱你'这个想法是在什么时候？"

我问。

　　"哦，并不是很久之前。"露易丝回答。

　　"在你成长的过程中，有人对你说过'生命爱你'吗？"

　　"不，没有人。我家里肯定没有人这样说过。"

　　"你是从别人那里听到的吗？"我问她。

　　"我记得并非如此。"露易丝说。

　　"那么，你是如何发现'生命爱你'的？"

　　"一定是在我内心的铃声响起的时候。"她说。

聆听
内心的声音 ▊

露易丝和我在加州卡尔斯巴德的海氏出版公司总部，我们即将为海氏出版公司2014年世界峰会进行拍摄。摄像机已经就位，录影棚的灯光亮起。露易丝正在给我的眉毛画上最后几笔。是的，露易丝帮我化妆。这是我们的老规矩。我们在拉斯维加斯"我能做到"研讨会的后台见面时，她第一次提出帮我化妆。那是我在海氏出版公司的首次主题演讲，从那以后，露易丝一直是我的化妆师。

"我们来谈谈你内心的铃声。"我说。

"哦，好的。叮，叮。"露易丝说，她的心情有些雀跃。

"什么是你内心的铃声？"我问。

"嗯，我感觉到它就在这里。"她轻拍着胸口说。

"在你心里。"我说。

"是的。"她说。

"那么，什么是内心的铃声？"

"一种内在的感知。"她说。

露易丝全然信任自己内心的铃声。"它是我的朋友，"她告诉我，"它是我内心的声音，会跟我交谈。我已经学会信任它，我确定它是对的。"关于这个话题，我已经采访露易丝3次了。每一次，她对自己内心铃声的深深感激之情都会让我感动。她谈起它时带着敬意和爱，倾听内心的铃声是她日常的心灵练习。"我内心的铃声总是在我身边，"她说，"我只要聆听内心的铃声，就能找到自己需要的答案。"

"你内心的铃声从何而来？"我问。

"所有的地方！"露易丝说，心情仍然非常愉悦。

"这是什么意思？"我问。

"我通过内心的铃声来倾听大智慧。"她说。

"这就是你在《生命的重建》中提到的唯一智慧吗？"我问。

"是的，就是能指引我们每个人的唯一智慧。"她说。

"我们内心都有这样的声音吗？"我问她。

"每个孩子生来都有内心的铃声。"露易丝向我保证。

轮到我给露易丝讲个故事了。那天早上，霍莉、波儿、克里斯托弗和我参观了恩西尼塔斯的圣地亚哥植物园。我们穿过一片龙血树林，爬上一座树屋（好几次），数蝴蝶，在瀑布旁玩耍，绕着青草迷宫奔跑。在我们走回停车场的路上，我停下来欣赏一大片橙色的加州罂粟花。波儿站在我旁边。"爸爸，"她说，"**关于爱的秘诀是，你必须像爱人一样爱植物，当你能做到这一点时，你就知道爱是什么了。**"

"这就是波儿内心的铃声！"露易丝高兴地鼓掌说。前一刻波儿还是个女孩，下一刻她突然变成奇妙仙子（Tinker Bell），挥舞着魔杖，像播撒仙尘一样挥洒着智慧。所有父母都见证过自己孩子内心的铃声。孩子们生来就具有光芒四射的智慧。一些佛教徒称之为如镜之识（mirror-like consciousness），因为它映照了灵魂的智慧。这种智慧与IQ分数、算数表、历史测试或勾股定理无关。它并非后天习得，而是与生俱来的。

我们浸润在天然的智慧中。我们代表了宇宙的学识。我们每个人都以自己的方式体验这种智慧，也会把它称作内心的铃声、内在的导师、上帝、圣灵或神圣指引。我们内心深处就携着真理。罗伯特·勃朗宁（Robert Browning）在诗《帕拉索尔萨斯》（*Paracelsus*）中写道：

> 真理就在我们的内心，它不需要从外在事物中产生，无论你相信什么。我们每个人内心深处都有一个

地方，在那里真理全然存在；而周围层层叠叠，粗鄙的肉体将它包裹，这种完美、清晰的感知——就是真理。

不知何故，我们忘却了这个真理，但它并没有忘却我们。在很早的时候，我们就迷失了方向。我们灵魂的 GPS 处于完美的工作状态，但我们以为它已经坏了。我们学会了依靠自我和智力来导航。对于短途旅行来说，这是可以的，但却不利于我们真正的生命旅程。我们花费了很多时间努力找回内心的智慧——内心的铃声。我们对它有一点点记忆，这份记忆鼓舞我们前行。

"你是怎么重新找到内心的铃声的？"我问露易丝。

"我成熟得比较晚，"她说，"成年后我一直跌跌撞撞，对内心的铃声并无觉察。"

"然后发生了什么事？"

"嗯，我当时参加了纽约宗教科学教堂的一次讲座，听到有人说'如果你愿意改变自己的思维，就可以改变自己的生命'。我内心有声音说'注意听这句话'，然后我就这样做了。"

"说'注意听'的是你内心的铃声吗？"我问。

"一定是这样。"露易丝说。

露易丝接着问我是怎么找到内心的铃声的。我给她讲了自己在18岁时遇到第一位灵性导师的故事。他的名字叫阿凡提·库马尔（Avanti Kumar），我在几本书中都写过我们的灵性之旅。阿凡提是伯明翰城市大学的一名学生。他是个居于城市的神秘主义者。他似乎过着寻常的生活，但跟我以前见过的任何人都不同。阿凡提带我认识了玄学和冥想。

"你就是佛陀，每个人都在等待你回想起这件事。" 我们在最喜欢的咖啡馆会面时，阿凡提告诉我。他又解释说，我们都是佛陀。佛陀（Buddha）来自梵文，指的是记得自己最初本性的开悟者。阿凡提告诉我，我们每个人的内心都有一个平静而微小的声音，那是我们真正的声音。我们越愿意倾听这个声音，就越容易听到它。

和露易丝一样，我也学会了信任这个内心的声音。我把它叫作我的"是"（Yes）。"是"的第一个字母 Y 是大写的。我很确定它等同于露易丝内心的铃声。我之所以把内心的声音叫作"是"，是因为它代表着深深的肯定，而且我觉得它把我的最大利益放在心上。并且，它会一直支持我，在我需要的时候随时在我身边。我内心的声音说"是"，我在身体、心灵和思维中感受到它的存在。当我需要做决定时，我会聆听这个声音。它帮助我确认并遵循生命的宏大计划，照亮了我前进的路途。

"我内心的铃声代表了世界对我的爱。"露易丝告诉我。对于内心的"是"，我也有同感。露易丝从早到晚都会向内心的铃声进行咨询。"一开始为了听到内心的铃声，我会进行冥想，"她说，"起初我发现冥想很困难。我头痛欲裂，非常难受。但我坚持了下来，最终我学会了享受冥想。冥想帮助我倾听内心的声音。在早期，它对我有很大帮助。"

当我问露易丝是否还在冥想时，她告诉我一个很棒的练习。"我现在不再每天冥想了，只是偶尔。早上醒来时，我会对着镜子说'告诉我今天我需要了解什么'。然后我会倾听内心的声音。通过做这个练习，我学会相信自己需要知道的一切都会按照完美的时空顺序展现在眼前。"

露易丝告诉我，当她需要在健康问题、商业决策或与某人会面等具体事务上获得一些指导时，她经常会问这样一个问题：你想让我了解什么？ 露易丝这个精彩的练习让我想起了《奇迹课程》中的一篇祈祷文，我称之为"指引祈祷"。在过去的20年里，我几乎每天都背诵它。安静下来，有意识地与你内心的声音建立联结（无论你怎么称呼它），然后直接明了地问：

你想让我做什么？

你想让我去哪里？

你想让我对谁说什么？

爱
真正的自己

"我是一个喜欢说'是'的人，生活在充满了'是'的宇宙。"露易丝说。

"听起来很棒，"我告诉她，"什么意思？"

"生命爱我们，这种爱支撑着我们，指引着我们走上生命的冒险之旅。因此，宇宙总是对我们说'是'。"

"爱是内心的铃声！"我大声说。

"是的，"露易丝笑着说，"我喜欢说'是'，因为我总是听从自己内心的铃声。"

"我们为什么抗拒听从内心的铃声呢？"我问。

"孩子们听到'是'这个字的机会太少。"露易丝说，"他们听到的是'不''不要''停下来''照我说的去做'。**而说这些话的人，他们小时候听到的也是同样的话。**"

根据研究，大多数孩子学会说的第一个词语是"不"。一档BBC新闻节目邀请我对这项研究发表评论，而我对研究结果感到惊讶。**我本以为孩子们学会说的第一个词语应该是"妈妈"**
或"爸爸"。 也许我错了。其他研究表明，**孩子们每天最多会听**
到400次"不"这个词。

每个人都赞成孩子需要听到"不"这个词，但这次数实在
太多了。所以，或许"不"才是孩子最早学会的第一个词语。
我们的人生从"不"开始。这算不上一个好的开始，对吗？如
果我们先学会说"是"，又会怎样？

露易丝说："每个孩子都有一个内心的声音，但他们需要在
充满爱的、积极的环境中成长，才能学会信任这个声音。"露易
丝接着将家庭中健康的孩子与身体中健康的细胞进行了类比。
她引用了《信念的力量》（*The Biology of Belief*）作者、发育生
物学家布鲁斯·利普顿（Bruce Lipton）的观点。利普顿整理了
大量研究，这些研究表明细胞的健康取决于它所处的环境。充
满爱的、积极的环境会带来健康，而充满恐惧的、消极的环境
会导致动荡。"如果没有一个充满爱的、积极的环境，孩子就会
忘记内心的声音。"露易丝说。

倾听内心的声音可以让我们学会爱自己，鼓起勇气去实践
真理。当我们不再倾听内心的声音时，我们会否定自己。我们
会努力融入社会，取悦他人，循规蹈矩，而不是忠于自己，做
本来的自己。但我们来到这个世界并不是为了循规蹈矩！这并

不能让你追随快乐的脚步。在生命的尽头,你的守护天使或圣彼得不会问你:"你这辈子循规蹈矩吗?"他们不会让你参加这样的考试!

亨利·戴维·梭罗(Henry David Thoreau)写道:"**我们总是被邀请做真正的自己。**"要做到这一点,我们必须尊重内心的智慧。在为期八周的"获得幸福"项目中,我会教授一个有关内在智慧的练习"做快乐的人",这是培训项目中一个重要的活动。在这个练习中,我会邀请每位学员轮流站起来,大声说出下面的肯定句:"我是个充满智慧的人。"

说出"我是个充满智慧的人",这对你来说可能很简单,但不是每个人都觉得容易。许多学员一听到这个练习就会心跳加速。当他们站起来说"我是个充满智慧的人"时,膝盖会变得软弱无力。他们会感受到强烈的情绪,有时会流泪。在回顾这项练习时,我鼓励学员们留意是哪个"自我"觉得这项练习很难。是灵魂之鸟,即原始自我,还是他们的自我形象?

在一次"获得幸福"研讨会上,一位名叫艾伦(Alan)的学员拒绝做这个练习。他是伦敦一所学校的资深教师,很有才干。然而当轮到他站起来时,他说不出一句话,并向我伸出手,似乎想说:"不,我做不到。"艾伦非常善于交际,在那之前,他一直很活跃地参与培训活动。我看得出他伸出的手代表了坚定的拒绝。他还没有准备好。所以，我请下一位学员继续这个练习。几天后，我收到了艾伦的一封邮件，以下是其中的部分摘录：

亲爱的罗伯特：

感谢"获得幸福"这个培训项目，我一直非常享受这个学习过程。你知道，上个周末对我来说非常艰难。我对这个练习的反应，连我自己都感到惊讶。我内心的某个部分被冻结了，它说"不要"，而我说不出一句话。我是一名教师，最大的乐趣就是帮助年轻的孩子们找到自己的声音。这对我来说是一种讽刺。

在此，我想邀请您见证我疗愈自己、爱自己。我今年46岁，成为一个充满智慧的人永远不会太迟！我想让您知道，我愿意尊重您所说的存在于每个人内心的智慧。

"我是个充满智慧的人。""我是个充满智慧的人。""我是个充满智慧的人。"敲出这些字的时候，我是站着的！眼泪顺着我的脸颊流下来。"我是个充满智慧的人。"我知道这只是书面形式。我希望下次我们见面时，我能有机会对整个小组大声说："我是个充满智慧的人。"这对我来说很重要。

祝福你

艾伦

当你对真实自我的智慧之声充耳不闻时，自我否定的习惯就占据了主导地位。你不再倾听内心的声音，无视身体告诉你的信息，忽略了心灵的备忘录。你听不到灵魂之鸟的歌声，与自己渐行渐远。

你还认识镜子里的那张脸吗？那是真正的你吗？有意无意地，我们放弃了自己。我们告诉自己"你并不重要"。我们不再相信自己，也不再关心自己。索伦·克尔凯郭尔（Søren Kierkegaard）说："意识不到自己的灵魂就是绝望。"

当不再听从内心的声音时，你就会与自己疏远。你忘记了自己是谁，也无法知道自己真正想要什么。和其他人一样，你追求幸福和成功，不停寻找爱，但却因为失去了内在的指引，最终误入歧途。你充满了欲望，但你能分辨出真正的神圣渴望与对营销和广告的条件反应之间的区别吗？**那些原本就不是你真正想要的东西，永远不会让你感到满足。**你知道自己真正想要对什么说"是"吗？

露易丝说："每次我听到'应该'这个词，我的脑子里就会响起铃声。"当你听到自己说"我应该做……"，或者"我应该变得……""我应该拥有……"时，你需要问自己："是谁在说这句话？"这是你原始自我的声音吗？你真的在跟随内心的喜悦吗？抑或这是你自我的声音？露易丝说："你从'应该'清单里画掉的内容越多，头脑中的噪声就越少，也就越容易再次听到你内心的声音。"

我们否定自己时，也会害怕别人否定我们。如果他们也否定了我们，就没有人爱我们了。 我们尽最大努力让自己被接纳和被爱。我们扭曲自己去取悦他人。我们扮演拯救者、殉道者、明星的角色，努力赢得爱和成功。但总有一种感觉挥之不去，让我们觉得好像缺失了什么。我们总会觉得生命中缺少了什么，直到我们接纳了自己——并且对真正的自己说"是"。

说"是"其实是与你的内心深处相遇，是肯定自己的美好、灵魂的本真和创造力。你必须忠于它们。这就是爱自己的意义所在。这是你人生真正的功课。波斯诗人鲁米写了一首诗《快说是》（*Say Yes Quickly*），在这首诗中，他写道：

在你的内心深处

有一个你不曾相识的

艺术家。

我说得对吗？快说是，

如果你了解，如果你已经了解

在宇宙诞生之前。

神圣的 "是"

在露易丝和我即将开始写作《生命的醒觉》的前一周，我收到了作家桑迪·纽比金（Sandy Newbigging）的一封电子邮件，邀请我为他的著作《平静的心灵》(*Mind Calm*)写一篇前言。我很荣幸他能邀请我，但我感觉自己需要专心写这本书，抽不出时间来。

我给桑迪发了一封电子邮件，说我原本不得不拒绝他的邀约，但不知怎的，最终我同意了。我接受他的邀约并不是因为"我应该""我必须"或是出于仁慈之心，我完全发自内心地接受了他的邀请。我内心有一个大大的"是"。

它也叫作神圣的"是"。我的直觉、心灵和头脑都感知到了它。当它出现时，我觉得自己别无选择，必须听从。这个"是"让人感觉如此真实，违背它就是虚假。我很高兴自己拜读了桑迪的著作，其中充满了真知灼见。有一句话对于《生命的醒觉》

的写作特别有帮助。它每天都会在心中响起，这似乎也是我内心的声音会告诉我的：

让宇宙的爱之手指引你。

"我所做的一切就是聆听内心的声音，然后说是的。"露易丝在回忆自己作家和讲师的职业生涯时告诉我，"我从来没有打算过要写一本书。我的第一本书是《生命之重建：治愈你的身体》（*Heal Your Body*），那本蓝皮小书最初只是我整理的一个清单。有人建议我把它写成一本书，我同意了。我不知道如何出版书，但一路上总有人伸出援手。这只是一次小小的冒险。"当时她根本没有意识到，她这个"小小的冒险"会成为畅销书，并且催生了出版业心灵自助书籍的一场革命。

露易丝关于演讲的故事也大同小异。"有人邀请我做一个演讲，我同意了。我不知道自己该讲些什么，但我答应下来之后，就感觉一切都顺理成章了。"首先是演讲，然后是研讨会，接着是海瑞德 ①。"有几位同性恋者经常参加我的研讨会，"露易丝回忆道，"后来有一天，有人问我是否愿意为艾滋病患者成立一个团体。我说'好的，我们一起来做，看看会发生什么'。"露易丝不知道海瑞德会把她带到哪里，她并没有制订宏伟的计划，也没有想要参加《奥普拉脱口秀》（*The Oprah Winfrey Show*）

①　译者注：露易丝创办的艾滋病救援组织。

和《菲尔·多纳休秀》（*The Phil Donahue Show*）。"我只是听从了自己的内心。"露易丝说。

说"是"就是愿意出场。《英雄之旅》（*The Hero's Journey*）作者约瑟夫·坎贝尔（Joseph Campbell）说："最大的问题在于，你是否能够对你的冒险说出由衷的赞同。"神圣的"是"与你生命的宏大计划有关。它并非野心，而是目标。它并非利益，而是激情。它并非自我的获益，而是服务与奉献。神圣的"是"就是如沃尔特·惠特曼（Walt Whitman）所说，愿意走上那宽阔的道路。

说"是"需要信仰。有时，我们并不明白为什么要说"是"。我们无法看到事情的全貌，有时甚至连下一步都是未知。只有在说"是"之后，下一步才会出现在我们面前。只有在说"是"之后，我们才发现一路会有贵人相助。在美国公共广播公司特别节目《约瑟夫·坎贝尔与神话的力量》（*Joseph Campbell and the Power of Myth*）中，比尔·莫耶斯（Bill Moyers）采访了坎贝尔，谈到了当我们追求自己的目标时需要心怀信仰。有一次，莫耶斯问坎贝尔，在自己的人生旅途中是否得到过"无形之手"的帮助。坎贝尔回答说：

> 一直如此。这真是不可思议……如果你追随自己真正想要的幸福，你就会迈上一条早已为你准备就绪的轨道，顺顺利利地过上自己想要的生活。当你看到自己想要什么，你就会遇到自己所热爱领域的人，他们会向你敞开大门。追随你的幸福，不要害怕，大门会在未知之处为你打开。

说"是"意味着敞开自己的心扉。神圣的"是"需要你放下你的恐惧、你的无价值感、你的愤世嫉俗、你的自我心态，让你的灵魂与你对话。神圣的"是"代表着臣服。露易丝告诉我："**自从我踏上灵性之路，好像我不需要对自己的人生做任何事。生命接管了一切，它一直引领着我。我不需要做领路人，我追随着它的引领。**"

说"是"意味着一段旅程，而不是一个目的地。你说"是"并非因为你想去某个地方，而是因为目的地就在你面前。在《生命的重建：热爱生活，你将看见奇迹》（*You Can Create an Exceptional Life*）一书中，露易丝告诉谢丽尔·理查森（Cheryl Richardson）："人们经常问我是如何创立海氏出版公司的。他们想知道从我创业到今天的每一个细节。我的答案总是相同的：我接了电话，打开了邮件。我做了出现在我面前的那些事。"旅程本身就是目的地。

说"是"意味着临在当下。18岁的时候，我在同一天收到了两封信。一封邀请我去伯明翰城市大学学习三年制课程，另一封是朴次茅斯大学新闻学院研究生课程的录取通知书，课程为期一年。我当时年轻气盛，雄心勃勃。我想参加新闻专业的速成课程，但我的身体、心灵和头脑都赞同我登上去伯明翰的这艘慢船。在这里，我遇到了我的第一位导师阿凡提·库马尔，从此开启了自己的灵性之路。

我经常会想，如果我没有听从内心的声音选择去伯明翰，我的人生会是怎样。我问过露易丝这个问题。她说："无论你在哪里，你的'是'总会找到你。"我喜欢她的回答。在我看来，露易丝是在说，听从内心的声音并不是为了到达某个地方，也不是为了做出正确的决定。它关乎临在当下，关乎活得真实，关乎愿意接受引领，也关乎热爱镜子里的那个自己。这就是生命之旅。

 练习三 ━━━━━━━━━━━━━━━

我的肯定板

希腊数学家毕达哥拉斯（Pythagoras）宣称："最古老、最短的两个词——'是'和'否'——都是最需要我们去思考的。""是"与"否"和我们的日常生活密不可分，是人类心理的基础数学。我们的思维由"是"和"否"组成。这两个词是我们基本的二进制代码。我们每天都说这两个词。它们塑造了我们日复一日的经历，支持着我们做出的每一个选择，参与了我们的每一个决定。一切事物都可以用"是""否"或者两者兼而有之来概括。

我记得第一次有意识地思考自己与"是"和"否"的关系是在什么时候。当时我26岁，在英国伯明翰当地的卫生署工作，我开办了一家名为"压力终结者"（Stress Busters）的诊所。公共卫生署署长问我是否愿意教授一门关于"自信"的课程，之前授课的心理学家已经退休了。我同意了，这并不是因为我对"自信"有很多了解，而是这个主题引起了我的兴趣，我想借此机会学到更多。

最初在对自信进行研究的过程中，我留意到人们主要的关注点是"说不"。我读了一些文章，标题是"如何说不""自信地说不"和"说不的艺术"。我还看到了一些口号，比如说"直接说不"和"不就是不"。奇怪的是，几乎没有人提到"是"这个词。经过几周的调研，我推出了自己的课程，题目为"我是自信的"。第一课叫作"'是'的力量"。我把"是"作为课程的开篇，是因为我正在形成这样一个观点：

> 越善于说"是"，我们就越善于说"不"。

"大多数人会先说自己不想要些什么，"露易丝说，"他们会说'我不想要现在的关系''我不想要现在的工作'或者'我不想住在现在住的地方'。"这至少是自我探索的一个开始，但是把关注和精力放在你认可的事情上，会产生更大的力量。露易丝警告说："我们越是纠结于自己不想要什么，我们就越会得到它。"这是一个可怕的讽刺，但千真万确。第一次说"不"可能意味着一个新的开始，但只有开始说"是"，我们才能去往自己的目的地。

可以这么说，有些人喜欢说否定的话语。"不"就是他们在生命中所采取的立场。他们对每件事情的第一个答案都是"不"或者"也许吧"，但很少说"是"。这或许是因为他们的天性如此，也可能与过去的经历有关。我曾经有一位叫苏珊（Susan）的教练客户。我们的第二次咨询探究了"我想要什么？"这个问题。苏珊说："我能想到很多我不想要的东西，但这不代表我能想到自己想要什么，是吗？""是的，不一样！"我回答。苏珊需要耐心地去寻找，答案最终会慢慢浮现。

有些人对太多事情说"是"。除非知道自己真正想要什么，否则他们就会继续盲目地接受一切。这会让你内心产生怀疑，在自相矛盾的目标之间摇摆不定，心不在焉，漫无目的，委曲求全，精疲力竭，做出不健康的自我牺牲，失去自己的力量。当你对自己生命中神圣的"是"更加清晰，你就会体验到一种力量感和恩典，过上真正幸福的生活。

这里我们来看一下"生命爱你"的第三个心灵练习——"我的肯定板"。

> 肯定板是一幅自画像。它呈现了你所接受的一切事物。当然，肯定板的形式完全由你决定。你可以拼贴手绘的图片、从杂志上剪下来的图片，或者从互联网上下载打印的图片。你可能更喜欢做一份清单，或者你想做一张思维导图。不管是什么形式，都要把内容放在一页纸上。
>
> 你可以通过倾听内心的声音来制作你的肯定板。你在倾听自己神圣的"是"。它们是属于你的，不属于你的父母、伴侣、孩子或其他任何人。它们并不是告诉你这一生应该做些什么，而是跟随你内心的喜悦。它们肯定了你所热爱、信仰和珍视的，让你真正活出自己。

露易丝和我注意到，第一次尝试制作肯定板时，大家往往会关注拥有什么和获得什么。我们的建议是，神圣的"是"不仅仅是一张购物清单。例如，你可以写上提升勇气，培养感激之心或宽恕的能力。也许你想练习冥想、瑜伽、绘画或烹饪等。问问自己："我想学习什么？""我想体验什么？"比如，写下你最喜欢的肯定句或个人箴言。关键是要充分表达自己的想法，专注于你的体验，而不是做什么。

露易丝和我鼓励你给自己足够的时间来写肯定板。自由发挥自己的个性和创意，尽情地尝试。无所谓对错，也不需要做得光鲜亮丽。

如果你愿意，你可以与教练或可信赖的朋友分享你的肯定板，最好可以得到他们的反馈。也许他们会指出一些明显的遗漏。最后，你的肯定板是关于今天你对什么说"是"，而不是在将来的某一天。记住，我们不是在追逐遥不可及的幸福，而是在跟随内心的喜悦。

与过去
和解

第四章

恐惧束缚着世界。

宽恕使它自由。

——《奇迹课程》

东风来了。一场暴风雨正要席卷加利福尼亚州。圣地亚哥几个月来一直像沙漠那样干旱。现在，城市上空乌云密布，狂风不断。巴尔博亚公园的树木正在发抖，空气不再污浊而闷热。雨水拥有强大的治愈能力，人们对它期待已久。"我希望整个周末都下雨，"露易丝告诉我，"雨水让一切都焕然一新。"

现在是星期五晚上，我刚从伦敦坐飞机过来。在圣地亚哥机场降落时，我们遭遇了多次骤降和颠簸。着陆很困难。我们的飞机在跑道上颠簸，终于停了下来。落地的感觉真好。露易丝和我坐在她家温暖的火炉前，互相了解对方的近况。我们很高兴能再次相聚，但这次感觉有些异样。我们都知道，我们来到了"生命爱你"之旅的中点。一直以来，我们都知道这一章的主题是全书的核心：宽恕。

写书的意义绝不仅仅在于完成这本书本身。如果只是如此，我就不会如此热衷于写作了。写作就像照镜子。当你关注幸福、疗愈和爱这样博大的主题时，尤其如此。写作可以帮助你保持专注，看清面前的事物。当你进行写作的时候，觉察力会变得更强——像在冥想中一样。这种新的觉察往往会给你带来扰动，让你变得自由。它从你的身体穿过，重新排列你的分子。写作是获得心灵自由的最好方式。

这本书我已经写了好几个星期。"生命爱你"这句话成为我的镜子。我对它进行探究，把它深深地纳入我的身体、我的心灵和我的思想。这句话现在牢牢地印刻在我的意识中。它早上迎接我醒来，一整天都在我脑海中浮现。不管我在做什么，它总是如影随形。晚上躺在床上，我能感觉到这句话萦绕在侧，准备陪我进入梦乡。

我也一直在追踪自己对这句话的反应。每次听到这几个字，我都能听到我的灵魂在说："是的。"有时是温柔的耳语，有时是欢快的呼喊。每一次听到"是的"，我都感到自己体力充沛，深受鼓舞。我知道生命在激励我。即便如此，我也会觉察到在心灵的黑暗角落，有其他声音在呼喊。这些声音愤世嫉俗，充满了伤痛。对它们来说，**"生命爱你"**听起来像是一句空话，太过美好而难以置信。

"我听到你对我说'生命爱你'的那次，可能不是你对我这样说的第一次。"我告诉露易丝。

"很可能不是。"露易丝无可奈何地说。

"我花了一段时间才让自己听见这句话。"我承认。

"不是每个人都能听见。"她说。

"有时候，它听起来像是绝对真理，"我说，"但有时候，又感觉只是一句积极的肯定。"

"我了解那种感觉。"露易丝说。

"为什么我们很难听见这句话？"我问她。

"我们不相信这句话。"露易丝说。

"为什么？"

"我们不相信自己。"

"为什么不相信呢？"

"因为我们有负疚感！"

负疚感让我们失去了清白感。当我们忘却"我值得被爱"这一基本真理时，我们就会有负疚感。它伴随着一种深深的恐惧：我不值得被爱。这是一种无价值感的信念。当我们看不到自己的清白感时——这是我们的本性，我们就确信自己不配得到爱。**我们渴望爱，但当爱来临时，我们会转身离开，因为我们觉得自己没有价值。**这种无价值感会让我们觉得自己不值得被爱，还会让我们无法爱自己和他人。

负疚感代表我们的一种恐惧：从前我是值得被爱的，但现在不再是了。负疚感背后总是会有一个故事。这个故事可能是你如何对待某个人，或者他如何对待你。这个故事基于过去所发生的事情，到现在通常已经有了结尾，但它在我们心中似乎永远不会结束。

我们如此认同自己的故事，以至于无法释怀。我们想知道，如果没有这个故事和这种无价值感，我会是什么样的。答案是，你会找回自己的清白感，你会觉得自己完全值得被爱。

每个人都可能会有与负疚感有关的故事，每个人都有自己的特殊版本。**故事始于我们的内心，然后我们把它投射给这个世界。**这是世界各大神话中可以看到的故事。而"我不值得被爱"的基本恐惧是我们的神话，也是一个谬论。我们用它来评判自己，批评自己，否定自己。因此我们产生了迷信，害怕上帝会审判我们，认为这个世界危险重重，生命并不爱我们。

负疚感的故事总是建立在错误的身份认同的基础之上。故事的主角忘记了真正的自己，看不到自己的清白感。你陷入了沉睡，就像伊甸园中的亚当（Adam）和睡美人。你以为自己是诅咒的受害者，就像俄狄浦斯（Oedipus）和青蛙王子。你忘记了自己的传承，就像渔夫的女儿和忒修斯（Theseus）。你看不到自己真正的美，就像丑小鸭和《美女与野兽》（*Beauty and the Beast*）中的野兽。你必须找到回家的路，就像奥德修斯（Odysseus）和《圣经》中的浪子。

清白感永远存在于原始自我之中。自我——错误的身份认同不相信清白感。它觉得自己不配得到，并且相信自己有罪。自我相信，只要忏悔，就可以找回自己的清白感。不幸的是，负疚感与爱不能互换。再多的负疚感也换不到一点点爱。只有当主人公放弃无价值感的时候，负疚感的故事才会结束。通常天使、王子或公主会再次让你看到自己的清白感。当你找到自己的清白感时，每个人都会被疗愈，这对自我来说是一个奇迹。

"帮助人们消除负疚感是我最重要的工作，"露易丝说，"**只要你相信自己没有价值，并且保持负疚感，你就会陷入一个有百害而无一利的故事。**"当我问露易丝负疚感是否有任何积极的意义时，她告诉我："负疚感的唯一积极作用是它能告诉你，你已经忘记了真正的自己，你需要把它记起。"负疚感是一个警示信号，当你与自己的真实本性背道而驰，并且心中不再怀着爱时，它会发出警报。

"负疚感没有任何疗愈作用。"露易丝说。

"请解释一下。"我问道。

"对自己所做的事或别人对你所做的事感到内疚，不会让过去消失，也不会让过去变得更好。"

"你是说我们永远不应该感到内疚吗？"

"不，"露易丝说，"我是说，当你感到内疚或认为自己没有价值时，你应该把它作为自己需要疗愈的提示。"

"露易丝，我们怎样才能消除负疚感？"

"宽恕。"

爱你
的内在小孩

露易丝和我坐在一起，面对着挂在她客厅墙上的一面镜子。这是一面很大的镜子，大约5英尺长，3英尺高。我们把自己看得清清楚楚，一切都无处藏身。现在是上午9∶30，我们将会进行一整天的谈话和探索。露易丝啜饮着她自制的蔬菜冰沙，营养非常丰富。我在喝我的咖啡，我坚持认为咖啡也是健康食品。我说，圣灵借咖啡来传递信息。我按下电脑上的录音按钮，我们准备谈论宽恕。

"宽恕是个很大的话题，露易丝。我们从哪里开始呢？"

"爱你的内在小孩。"露易丝用她那淡然的语气说。

"我们为什么要从这里开始？"

她解释说："只有爱你的内在小孩，你才会知道自己有多么值得被爱，才能看到世界有多么爱你。"

"这很深刻！"我一边喝着咖啡一边说。

"那是因为这是真理。"她笑着说。

露易丝·海是内在小孩疗法的先驱。40年来，她一直在教授个人和团体如何与内在小孩工作。她在所有重要的著作中都写过爱自己的内在小孩。她发布过关于疗愈内在小孩的冥想练习。相比之下，我只是个初学者。我个人接受过一些内在小孩的治疗，但那是很久以前的事了。

我知道我们最终会谈到这个问题，所以我报名参加了一个内在小孩咨询的课程。我这样做是为了我自己，这是我写作本书经历旅程的一部分。就在我坐飞机去见露易丝之前，我已经上了4次课。

露易丝说："爱内在小孩能帮助我们找回自己的清白感。"

"我们如何爱内在小孩？"我问。

"就像你爱你成年后的自己一样。"她说。

"停止一切自我批判。"我说。

"婴儿生来良善。没有人生来有罪，也没有人是毫无价值的。"露易丝坚定地说，像一只凶猛的、护崽心切的母狮。

"你真的是指每一个人吗？"

"每个婴儿生来就是美好的，"露易丝说，"只有当我们忘记了自己的美好时，我们才会开始感到内疚和无价值。"

失去清白感会让我们看不到自己本性的美好，许多灵性和哲学流派都承认这一点。创造灵修（Creation Spirituality）理论的创始人马修·福克斯（Matthew Fox）称这种本性的美好为我们"原初的福佑"（original blessing）。他借鉴了基督教神秘主义者诺里奇的朱利安（Julian of Norwich）的观点，后者写道：

> 如同身体穿着布料，肌肉被皮肤包裹，骨骼被肌肉覆盖，心脏在胸腔中跳动，我们的身体和灵魂也被上帝的美好所包围。

"我值得被爱"这一基本真理是火种的守护者。当我们记起关于自己的基本真理时，我们会感受到清白感，觉得自己是有价值的，我们会把这种良善推及他人。当怀疑自己是否值得被爱时，我们就会陷入"自己不值得被爱"的基本恐惧。这种恐惧让我们觉得自己很糟糕，并陷入不足的谬论：我不够好。我们内心黑暗角落里的声音宣称：我很糟糕、我有问题。我们感觉自己不再善良，并且把这种负疚感投射到与他人的交往中。我们自我的羞耻掩盖了我们灵魂的清白感。

我告诉露易丝："自从为人父母以来，我就注意到，**为了要做个好孩子，孩子们承受了巨大压力。**"

"我也注意到了这一点。"她说。

"大多数现代育儿手册侧重于向孩子们灌输良好的品行，**我们不相信孩子们天生就是美好的。**"我说。

露易丝说："如果做好女孩和好男孩的压力太大，就会让我们感到自己不值得被爱。"

"所有这些要求做个好孩子的信息，都会让他们想要过一个'糟糕星期二'。"我说。

"什么是'糟糕星期二'？"露易丝问道。

"这是《欢乐满人间》中的一个情节。小男孩迈克尔受够了必须做个好孩子的要求，所以他故意整天调皮捣蛋。"我解释道。

"我们都知道那会是什么样子。"露易丝笑着说。

我说："**太多的'应该'和'必须'会阻碍我们流露天生的美好特质。**"

露易丝说："**当父母无法看到自己的美好时，他们不可能相信孩子的内在也是美好的。**"

不久前的一个周六上午，我和孩子们开始了一场冒险之旅。我们有一整天的时间，因为霍莉正在参加一个传记咨询研讨会（它会描绘包括童年早期的各个人生阶段）。我和波儿、克里斯托弗决定去寻找生活在皇家植物园（也称为邱园）的红腹锦鸡。邱园俱乐部的大多数会员从未见过锦鸡，但我们见过，而且见过很多次。

在路上，我们在最喜欢的健康食品店"奥利弗全天然食物"停了下来。我和波儿从架子上挑选美味的零食，然后把它们放进克里斯托弗推着的篮子里。篮子和他的个子差不多高，很快就装满了很多健康食品，变得很沉。克里斯托弗像个男子汉那样把篮子拖到了收银台。他坚持自己做这件事，不得不使出浑身力气。

当我们排队准备付账时，一位面容和善的陌生女士跟我们攀谈起来。"你叫什么名字？"她看着波儿问道。波儿说了自己的名字。"你是个好女孩吗？"她问道。波儿没有回答。那位女士转向克里斯托弗。"你叫什么名字？"她问道。"比斯托夫。"他说，这跟克里斯托弗很接近了，毕竟他还是个蹒跚学步的孩子。"哦，"她说，"你是个好男孩吗？"

这位女士看着克里斯托弗手里的篮子。"天哪！"她喊道，**"你们一定都是好孩子，爸爸给你们买了这么多东西。"** 她说这话的时候对我笑了。波儿没有笑。我知道她在想什么。我不确定克里斯托弗是怎么看待这一切的。我希望他并没有太留意。"嗯，我相信你们都是非常优秀的孩子。**只有优秀的孩子才能得到奖励。"** 她说。

我们把零食装进背包，走出了商店。只走了几步，波儿就用力拉了拉我的外套。

"爸爸，我们需要谈一谈。"她告诉我。

"我想可以。"我说。

"你看，我不想成为一个好女孩。"她十分坚定地说。

"你想成为什么样的人？"

"我想成为一个可爱的女孩。"

"一个可爱的女孩是什么样的？"

"就像这样，"她告诉我，"当我出门的时候，人们对我说'你是个可爱的女孩'，我只要说'谢谢'。"

"波儿，你是个可爱的女孩。"我说。

"谢谢。"她露出一个灿烂的笑容。

在内在小孩的咨询中，我一直在探索这个主题：小时候因为想要做个"好男孩"，我给自己施加了太大压力。很久之前，我就明白好孩子不会受到责骂，不会挨打，也不会惹麻烦。**我希望我一直都表现得很好，从来不做坏事，这样我的父母就永远不会对我说"我们对你很失望"**。我讨厌他们那样说。然而，总是表现完美是一项艰难的工作。你必须压抑自己的很多情绪。你不能总是实话实说。有时候你不得不撒谎，这感觉很糟糕。

做一个好孩子不是件容易的事，其中的原因有很多。首先，大人们对于好孩子的标准有不同的理解。你的父母可能会对此意见不一致，而祖父母跟父母的想法可能又会不同，你的老师和朋友又有他们各自的观点。而且，每个人的想法都一直在变化，这简直让人抓狂。你永远无法让所有人都满意，这太不公平了。但是你告诉自己，你不可以表达任何不满，因为这不是好孩子该做的。

越想成为一个好孩子，就越需要表演。装腔作势并不无辜，而是精心策划的尝试，目的是赢得爱和认可，或者仅仅是为了避免麻烦。做好孩子只是表演行为中的一种，其他的行为包括变得强大（"勇敢的小战士"）、乐于助人（"我的小助手"）、温柔体贴（"我的小天使"）和做小大人（"大女孩"）。此外，还有成为看不见的孩子、家庭英雄、替罪羊、问题孩子和开心果。

"一开始，我试着做一个好女孩，"露易丝告诉我，"但这引起了继父对我的过多关注。最后，我试图成为一个看不见的孩子，以确保自己的安全。"无论我们选择什么样的行为，我们都会感觉自己远离了本性的美好。"我不值得被爱"的基本恐惧演变成一种信念，即"我必须配得上爱"。当我们认同这种错误的信念时，爱就不再是自然的、无条件的了。相反，**我们以为爱是一种必须以某种方式争得的奖赏，只有有价值，才能得到爱。**

我们将童年的行为模式带入成年。这些行为演变成了我们在人际关系中扮演的角色。忘记了本性的美好，我们就迷失了方向。我们在自身之外寻找爱。我们在寻找一位王子或公主，把自己从不值得被爱的基本恐惧中解救出来。我们被困在无价值感的牢笼里，希望有人来拯救我们。

在电影《怪物史瑞克3》(*Shrek the Third*)中，睡美人、白雪公主、长发公主、灰姑娘、丑陋的继姐多丽丝（Doris），还有菲奥娜公主(Princess Fiona)和她的母亲莉莉安女王（Queen Lillian）被囚禁在一座塔中。菲奥娜鼓动大家一起策划逃跑。"女士们，各就各位！"白雪公主说。一瞬间，睡美人进入了梦乡，白雪公主躺到了棺材里，灰姑娘则神情恍惚地凝视着远方。"你们这是在干什么？"菲奥娜公主喊道。睡美人突然醒了过来，说"等着有人来拯救"，然后又睡着了。"你们到底在开什么玩笑！"菲奥娜公主说。

在现代版童话《风月俏佳人》(*Pretty Woman*)中，朱莉娅·罗伯茨（Julia Roberts）饰演一名好莱坞的妓女薇薇安·沃德（Vivian Ward），由理查·基尔（Richard Gere）饰演的富商爱德华·刘易斯（Edward Lewis）聘请她陪同出席一些社交活动。在这个过程中，他们产生了感情。

爱德华认为他是在拯救薇薇安，但薇薇安并不这么认为。在最后一幕中，爱德华王子乘坐白色豪华轿车来找薇薇安公主。他爬上了通向她顶层公寓的消防梯。当他终于找到她时，他问道："那么，王子爬上高塔救了公主之后发生了什么？"薇薇安回答说："公主也拯救了王子。"

受害者和拯救者都在认真扮演自己的角色，想要努力赢得爱。关键是，在这些故事里，或者在我们的任何关系中，都不可能有"从此他们过上了幸福生活"的完美结局——除非我们重新找回自己本性的美好。

每个人都可能会帮助我们。事实上，我们在前进的道路上确实需要别人的帮助。然而归根结底，找回自己本性的美好这件事必须由我们自己来决定。而做出这个决定本身就是一次旅程，一次宽恕的旅程，一次带我们重新回到爱的旅程。

"爱内在小孩就是原谅失去了清白感和美好的自己，"露易丝说，"其实在童年的每一个阶段，我们都尽了自己最大的努力。然而，我们可能仍然在批判和惩罚自己，觉得自己可以做得更好，认为自己犯了错，自暴自弃，给别人带来了麻烦，不是个好孩子。**除非我们原谅自己，否则我们终将被囚禁在怨恨的牢笼中。**宽恕是走出这座牢笼的唯一途径。宽恕让我们自由。"

露易丝和我在镜子前进行了冥想，结束了我们关于宽恕和爱内在小孩的对话。我们自然地做了这次冥想，在这里，我做了一些调整。你可以参照着它进行你自己内在小孩的冥想。"要鼓励大家在镜子前冥想。"露易丝告诉我。我向她保证，我会把这一点写到书里。

我们建议你坐在镜子前进行这个冥想，把双手放在胸口，深呼吸，透过爱的双眼凝视自己，用爱对自己说：

我值得被爱，生命也爱我。

我原谅自己，因为一直以来

我害怕自己不值得被爱。

我值得被爱，生命也爱我。

我原谅自己，因为我评判自己

并且不相信自己是美好的。

我值得被爱，生命也爱我。

我原谅自己，因为我觉得自己毫无价值

并且相信自己不配得到爱。

我值得被爱，生命也爱我。

我原谅自己，因为一直以来

我都在批评和攻击自己。

我值得被爱，生命也爱我。

我原谅自己，因为我否定自己

并且放弃自己。

我值得被爱，生命也爱我。

我原谅自己，因为我怀疑自己

并且不信任自己。

我值得被爱，生命也爱我。

我原谅自己的错误。

我值得被爱，生命也爱我。

我请求原谅，这样我才能学习。

我接受宽恕，这样我才能成长。

我值得被爱，生命也爱我。

原谅
你的父母

"谁是你最难原谅的人？"我问露易丝。

"那一定是我的母亲和继父，但主要是我的继父。"她回答说。

"原谅他们给你带来的最大收获是什么？"

"宽恕让我自由。"她说。

"能解释一下吗？"

"嗯，我逃离了一个充满暴力和性虐待的家庭。为了生存，我不得不逃离。但我很快遇到了更多的麻烦和虐待。"露易丝说。

"逃离并不能真正解决问题。"

她说："没错。无论我如何让自己远离我的童年、我的继父，我都无法摆脱。"

"摆脱什么？"

她说："我背负了巨大的负疚感。我做了所有孩子都会做的事情：**我把发生过的事情归罪于自己。我把这种负疚感带入了我的成人关系中。**我跌跌撞撞地前行，做一个尽职尽责的妻子。我尽最大努力过好自己的生活，但却活得很压抑。"

"你只是在维持正常的生活，无法释放自己的活力。"

露易丝说："没错。在我丈夫要求离婚后，我甚至不能正常地生活了。后来我被诊断出患有阴道癌。这时，我决定停止逃离。"

"那时候，你已经厌倦逃离了吗？"

她说："是的。**我知道导致癌症的原因是童年遭受心身虐待和性虐待带来的负疚感、愤怒和怨恨。**"

"你是怎么知道的？"

"我内心的铃声。"她指着自己的胸口说。

"这是我有生以来第一次真正关注自己内心的声音，它让我加入了基督教科学会，认识了玄学和宽恕。"

"宽恕让你自由。"

她说："我感觉自己戴着一个刑满释放的标签，而宽恕让我可以摘下标签，获得自由。"

露易丝说："首先，我必须停止逃离。然后，我必须进行镜子练习，正视我的过去。继父给我带来的伤害很大，但我不应该再继续为此惩罚自己。"

"最终，我们必须在坚持怨恨和获得自由之间做出选择。"

"是的。一开始我并不愿意原谅，但我也不想让自己患上癌症，我想跟过去告别。"露易丝说。

"那么，你是如何解脱的？"

"我在《奇迹课程》中读到，所有的疾病都来自不谅解，宽恕可以疗愈一切罪恶和恐惧。我问我内心的声音这是不是真的，它说'是的！'。"她高兴地大声说。

"真相会让你自由！"

"宽恕的意愿打开了牢狱的大门。走出牢狱需要很大的勇气，我从一些优秀的老师和治疗师那里得到了很多支持。他们让我了解到，宽恕是一种自爱。我这样做是为了我自己。"她说。

"《奇迹课程》里写道：'所有的宽恕都是给自己的礼物。'"

"为了获得自由，我必须原谅自己。因此，我原谅自己让内疚和怨恨伤害了我的身体。我原谅自己感到不值得被爱。我原谅自己有负疚感。我原谅我的父母。我原谅我的过去。作为回报，我获得了新的生命，至今已经有40年了。宽恕给了我一个机会，让我有机会成为露易丝·海，成为真正的自己。这才是宽恕真正的礼物。"

"阿门。"

我们和父母的关系是此生的第一面镜子。你的父母能否给予你爱，取决于他们是否觉得自己值得被爱，是否允许生命爱他们。在父母的镜映中看到什么，你就会信以为真。**因为这是你的第一面镜子，它会影响你今后在其他镜子和其他关系中看到什么。**在疗愈之旅中，你回到第一面镜子面前。在这里，你必须愿意用新的眼光重新审视它，不要被评判、内疚和怨恨所蒙蔽。于是，你在镜子里看到不一样的东西，这种变化也会在你看其他镜子的时候发生。

你不能低估父母对你人生的影响。他们创造了你的身体，给予你姓名。他们的语言很可能就是你的母语。他们的国籍通常就是你的国籍。你承袭了他们的宗教信仰、政治立场，还有你的偏见和恐惧也可能会来自他们。虽然父母的影响很大，但你也千万不要低估你内心的神圣力量，它激励你走自己的人生道路。

黎巴嫩诗人卡里·纪伯伦（Kahlil Gibran）在他的诗歌集《先知》（*The Prophet*）中写下了优美的教诲。他鼓励我们"认识自己心中的秘密"，"要彼此相爱，但不要给爱系上锁链"。他提醒父母：

> 你们的孩子，其实不是你们的孩子。他们是生命对于自身渴望而诞生的孩子。他们借助你们来到这世界，却并非因你们而来，他们在你们身旁，却并不属于你们。

只要对其中的词句稍加修改，这智慧的教诲就可以送给孩子们，帮助他们过自己想要的生活。我把它改写成：

> 你的父母，其实不是你的父母。你是生命对于自身渴望而诞生的孩子。你借助他们来到这世界，却非因他们而来，他们在你身旁，你却并不属于他们。

你的父母是你的第一面镜子，他们也是你的第一位老师。"我们从父母那里学到了很多关于宽恕或者怨恨的知识。"露易丝说。通常，**孩子们一开始会把父母的态度内化为自己的态度。儿童在早期主要通过模仿进行学习。**可以说，父母的教导是你的第一本《圣经》。他们的教导有一部分会对你有所帮助，但不是全部。毫无疑问，为了听到自己内心神圣的声音，你需要放弃父母的某些教导。

在我和露易丝写这本书的同时，我们还设计了一个名为"生命爱你"的公益项目。其中一个模块是关于家庭态度和宽恕的。在这个模块中，你将探索在成长过程中父母教给你哪些关于宽恕的知识。我们设计了一份调查问卷来帮助你。下面是其中的一些问题：

你母亲是个宽容的人吗？

关于宽恕，你母亲教过你什么？

你母亲是如何处理冲突的？

你母亲是如何放下怨恨的？

你母亲是如何让你知道一切都可以被原谅的？

你母亲是如何请求原谅的？

你父亲是个宽容的人吗？

关于宽恕，你父亲教过你什么？

你父亲是如何处理冲突的？

你父亲是如何放下怨恨的？

你父亲是如何让你知道一切都可以被原谅的？

你父亲是如何请求原谅的？

父母给了我们练习宽恕的第一次机会。这是确实无疑的，无论他们有多爱你。从孩子出生的那刻起，父母和孩子就开始了宽恕的课程。这门课程是七天24小时不间断的，睡眠时间除外。父母和孩子既是学生，也是老师。教学大纲充满了全新的知识。有母慈子孝的时候，也有鸡飞狗跳的时候。每一天都有练习宽恕的新机会。

哪里有爱，哪里就有宽恕。有了爱，宽恕是如此自然，甚至不需要一个名字。爱就是宽恕。爱能在怨恨变成毒药之前化解它们。爱在伤口出现之前就治愈了你。爱可以补救你的过失，所以你不会走错方向。然而，我们都失去了爱，对自己和对彼此的爱。我们忘记了这样的基本真理：我们是值得被爱的，生命也爱我们。这种遗忘让我们的视线变得模糊，让我们的镜子变形。这时，我们就需要宽恕。

每个家庭都有一个关于宽恕的故事。这个故事是人类剧本和我们个人剧本的一部分。父母永远无法完全实现他们的理想自我，因此，如果他们要成长为真正充满爱的人，就必须学会自我原谅。孩子必须学会原谅他们的父母，因为他们就是原本的样子，而不是理想的存在；否则，孩子就无法成长为健康的成人，也无法自由地成为真正的自己。记住：你和父母的关系是你的第一面镜子。

你无法原谅父母的事，

你也会这样对待自己。

你无法原谅父母的事，

你也会指责其他人这样对待你。

你无法原谅父母的事，

你也会这样对待别人。

你无法原谅父母的事，

你的孩子也会指责你这样对待他们。

放下
怨恨

露易丝和我关于宽恕的对话已经进入了第二天。圣地亚哥还在下雨，一阵狂风吹向窗户，低矮的云层在空中快速移动。不时地，灰色的天空透出一小片蓝色，而太阳就躲在云层的某个地方。我们大部分时间都待在室内，除了去过一次全食超市（Whole Foods）储备晚餐食材。我们的对话非常热烈，充满了洞察和疗愈。关于宽恕，总有新的东西需要学习。一点点谅解的意愿就可以让我们获得很大的突破。

"露易丝，什么才是真正的宽恕？"我想要聆听她更多的见解。

"宽恕就是放下。"她说。

"放下什么？"

"过去、内疚、怨恨、恐惧、愤怒等与爱无关的东西。"她说。

"那样感觉很好。"我告诉她。

"真正的原谅会让你感觉很好。"露易丝笑着说。

"那么，什么能帮助我们放手呢？"

"对我来说，了解父母的童年很有帮助。"她说。

"你学到了什么？"

"我继父的童年经历非常糟糕。父母都虐待他，因为在学校表现不好，他一次次地受到惩罚。他有一个孪生兄弟去了精神病院。他从未提及他的母亲。他很小就从瑞士逃到了美国。他像我一样逃走了。"

"了解这些并不能让我宽恕发生的一切，"她强调说，"重要的是，它给了我看待问题的新视角。我同情自己，后来对他也产生怜悯之情。最重要的是，它帮助我放弃了这个执念：**这一切都是我的错。**"

"宽恕的确是放下。"我思忖着说。

"是的。"她表示赞同。

疗愈是从过去中解脱。每个人都有过灾难和痛苦。只有一种方法可以让你从过去中解脱，那就是练习宽恕。**没有宽恕，你就无法超越自己的过去，你会被卡在那里，原地踏步，无法前行。**当下的一切都不能给你安慰，因为你并没有真正活在当下。未来看起来并不会有所不同，因为你只能看到自己的过去。

事实上过去的已经过去，但在你的脑海里，它还没有真正结束。这就是为什么你仍然深陷于痛苦之中。

除非愿意宽恕，否则你将继续将自己的未来托付给过去。然而宽恕告诉你，你是谁与你过去发生了什么并无关联。**你的经历并非你的身份，它们可能对你有很大影响，但并不能定义你。**你对别人做了什么，或者别人对你做了什么，并不能代表你人生故事的结局。当你能说出"我不是自己的过去"和"我愿意原谅自己的过去"，就可以创造一个崭新的未来。有了宽恕，你就可以开启新的篇章。

疗愈是从负疚感中解脱。我们对自己说："如果我没有那样做"——或者"如果他们没有那样做"——"我现在就没事了"。在某一个时刻，我们都会希望过去那些事并没有发生。负疚感是令人悲伤的一课，但它不是解决问题的方案。

如果你继续惩罚自己和攻击他人，一切也都不会改变。宽恕无法改变过去发生的事情，但它可以改变你赋予过去的意义。例如，你可以停止自我惩罚，对照过去修正自己，成为真正的自己。从此以后，过去不再是牢笼，而是一扇敞开的门。

露易丝告诉我："宽恕教会了我，尽管我很想改变过去，但现在一切都结束了。""通过宽恕，我能够利用我的过去来学习、疗愈、成长，并对我现在的生活负责。"

真正改变人生的不是过去发生了什么，而是你在当下如何对待过去。"当下这一刻，就是你拥有力量的开始，"露易丝说，"只有在当下这一刻，你才能创造新的生活。"有了宽恕，你就改变了自己与过去的关系，这也会改变你与现在和未来的关系。

疗愈意味着从恐惧中解脱。《奇迹课程》为不愿宽恕的心灵描绘了一幅非常生动、扣人心弦的画面。第121课"宽恕是幸福的关键"中的一段写道：

> 不愿宽恕的心充满了恐惧，使爱无处容身，也无处展翅，难以安心地翱翔于动荡的世界之上。不宽恕的心是悲哀的，没有休养生息的机会，有没有解脱痛苦的希望。它在困境中受苦受难，在黑暗中东张西望。纵然一无所见，却认定那儿危机四伏。

没有宽恕，恐惧就不会结束。

"当人们说'我无法原谅'时，他们通常的意思是'我不想原谅'。"露易丝说，"而他们**不想原谅背后的原因，是他们害怕原谅**。"

我们对于宽恕的恐惧大多数是理论上的恐惧。在练习宽恕之前，你会害怕宽恕，但一旦你真的宽恕了，这种恐惧就会消失。例如，你也许害怕宽恕会让你变得软弱无力或者不堪一击，这与事实大相径庭。宽恕让你自由。同样，宽恕并不意味着你忘记过去发生了什么，而是你不会忘记要活在当下。

归根结底，不宽恕比宽恕更为可怕。继续怨恨下去比放下怨恨更为可怕。不断自我惩罚比疗愈和觉醒更为可怕。心怀怨恨是件痛苦的事。**当然，你必须哀悼自己的过去。没有适当的悲伤，你的痛苦就无法结束。**然而在某些时候，不能放下怨恨，实际上就是决定继续遭受痛苦。可是遭受痛苦本身并不能帮助到你或者任何人，它是一记唤醒你的警钟。

"当下就是宽恕！"《奇迹课程》说。在当下，我们放下过去。在当下，我们无所畏惧。在当下，我们不再有负疚感。在当下，过去的意义可以被重写。在当下，一个崭新的未来诞生了。有了宽恕，我们就能记起"我值得被爱"的基本真理。有了宽恕，我们就能接受生命对我们的爱。有了宽恕，我们就可以爱自己生命中出现的人。

宽恕为我们提供了美好的未来愿景。有了宽恕，我们可以推己及人，将爱传播给家人、朋友、路人、敌人和整个世界。我们因此结束恐惧和痛苦、评判和内疚、报复和攻击的轮回。我们因此为我们的孩子创造更美好的未来。威廉·马丁（William Martin）在他的《父母之〈道德经〉》（*The Parent's Tao Te*

Ching ）一书中，精彩地展示了自我接纳和疗愈如何帮助我们拥抱美好的未来。他写道：

> 孩子是如何学习纠正错误的？
>
> 通过观察你如何纠正自己的错误。
>
> 孩子是如何学习战胜失败的？
>
> 通过观察你如何战胜自己的失败。
>
> 孩子是如何学习原谅自己的？
>
> 通过观察你如何原谅自己。
>
> 所以你的错误，还有你的失败是福佑，
>
> 是教育孩子最好的机会。
>
> 还有那些指出你错误的人，
>
> 并非你的敌人，而是最宝贵的朋友。

练 习 四

宽恕量表

今天是星期一早上，我和露易丝正要结束关于宽恕的谈话。暴风雨已经过去。湛蓝的天空和灿烂的阳光又出现在圣地亚哥，空气无比清新。这对我们来说是一个重要的周末，我们都觉得今天是一个新的开始。

宽恕是一个崭新的开始。它将给予你一切可能性，这种可能性存在于爱之中。它带来的效果是不可思议的。宽恕能帮助你认清过去。它鼓励你坦然面对曾经发生的事情，尊重教训，接纳疗愈，接受福佑。宽恕教会你，留在痛苦之中并不能让痛苦消失。内疚和怨恨于事无补。逝者无法帮助生者。宽恕是带我们找回爱的归途。爱才能帮助我们获得新生。

"我们不需要知道如何宽恕，只需要愿意去宽恕。"露易丝说。同意宽恕是第一步。当你确认自己同意宽恕时，你内心的某些东西就会被激活，疗愈就开始了。只要愿意宽恕，疗愈就会被精心策划，你就会见到合适的人，并且一路得到必要的帮助。当你不断对宽恕说"是"的时候，你的疗愈之旅会把你从过去带到当下，带到一个全新的未来。

在这一章中，我们为你设计的心灵练习叫作"宽恕量表"。这个练习帮助你增强自己的意愿，去体验完全宽恕所带来的福佑。宽恕量表的评分是从0%到100%。你可以先选择一个人作为练习对象。你可以选择自己，这是个好主意。或者你可以选择其他任何人，哪怕是一个你只是有一点点不满的人。你会发现，在你的生活中，没有一个人会让你完全毫无怨言。

像冥想一样做一些准备工作。静下心，深呼吸，让身体放松。让你的练习对象进入你的觉察。准备工作就绪后，问问自己："从0%到100%，我对这个人原谅了多少？"把心中出现的第一个答案记录下来。要对自己诚实。我们不是想要让自己做个善良体贴的人，也不是要做正确的事，也不需要充满灵性。你不需要扮演什么角色。你想让自己自由。每一个答案都是好的回答，因为它为你提供了需要的信息。

让我们想象一下，你选择了自己作为练习对象。假设你的评分是72%。首先，注意在72%这个位置情况是怎样的。这对你的生活方式有何影响？对你的幸福、健康和成功有何影响？对你与他人的关系——你的亲密关系、信任和原谅他人的能力有何影响？对你与食物、丰盛、金钱、创造力和灵性的关系有何影响？

现在进行下一步。在你的内心，把这个数字从72%提高到80%。如果你愿意，你可以一次提高一个百分点。达到80%之后，说"我愿意80%原谅自己"。这样说几次，然后观察自己的反应。留意身体的知觉、感觉和思维。在那里待一会儿，直到感觉舒服为止。然后继续往下做，把量表上的分数逐步提高到85%、90%和95%。

你在宽恕量表上前进的每一步，都有助于你摆脱自己"不值得被爱"的基本恐惧，体验"自己值得被爱"的基本真理。每一步都帮助你看到生命爱你，希望你远离内疚、痛苦和恐惧。每一步都有助于你体会疗愈、恩典和灵感，这将让你自己和他人受益匪浅。

想象一下在100%这个位置，说"我愿意百分之百地原谅自己。"宽恕量表的目的就在于让你愿意消除宽恕和爱的障碍。在某种程度上，你是在进行宽恕的彩排。这是一种想象。然而，想象的力量是非常强大的。爱因斯坦说："想象力就是一切，它是生活华彩乐章的前奏。"确实如此。

我们建议你使用宽恕量表来评估自我宽恕和对他人的宽恕程度。问问自己：

从0%到100%，我对自己宽恕了多少？

从0%到100%，我对母亲宽恕了多少？

从0%到100%，我对父亲宽恕了多少？

从0%到100%，我对兄弟宽恕了多少？

从0%到100%，我对朋友、前任、邻居宽恕了多少？

从0%到100%，我对每个人宽恕了多少？

首先问："从0%到100%，我对[我自己或他人的名字]宽恕了多少？"把你想到的第一个百分比数字作为起点，然后逐渐提高百分比。即使是宽恕量表上1%的进步也会帮助你放下过去，创造一个更好的未来。

我们鼓励你每天做一次这个练习，坚持7天。在这7天里，注意你生活中发生的事情，注意自己的状态，注意人们对你的反应，注意那些小小的奇迹。人们经常将宽恕描述为奇迹的一个原因是，当你宽恕一个人或一件事时，它似乎改变了你与所有人和一切事物的关系。

露易丝和我认为，宽恕量表是一个很有冲击力的练习。因此，我们强烈建议，如果你在过去经历过创伤，不要单独做这个练习。一定要获得可靠的朋友、治疗师或教练的支持。我们始终要温柔地对待自己。宽恕是爱的表达，它应该是一个充满爱的过程。爱是一种治愈的力量，它把我们带回清白感。爱是回家的归途。

现在开始感恩

第五章

满心欢喜地在黎明醒来，

感谢充满爱的又一天来临。

——哈利勒·纪伯伦，《作品集》

（*The Collected Works*）

猜猜露易丝·海每天早上醒来做的第一件事是什么？不是刷牙或者上厕所，也不是跳伦巴舞。我并不是说她每天早上都不做这些事情，但这些不是她做的第一件事。"只要一醒来，在我睁开眼睛之前，我会感谢我的床让我一夜安眠。"露易丝说。我想问一下亲爱的读者，你知道还有谁会做这件事吗？想象一下，在睁开眼睛之前，怀着感激之情开始新的一天。

"露易丝，你是我认识的唯一一个会感谢床铺让自己一夜安眠的人。"我告诉她。

"嗯，我为你感到高兴，你终于遇到了这样的人。"她说。

"这并不寻常，是吗？"我开玩笑。

"我对循规蹈矩不感兴趣。"她反驳道。

"正常的意义不过如此。"我说。

"我想是的。"露易丝说。

"那么，你是从什么时候开始感谢你的床让你一夜安眠的？"

"哦，我不知道。"她说，好像她从来都是这样做的。

"是30年前还是40年前？"我问。

"有一次我醒来后想，哦见鬼！又是讨厌的一天！"她大笑着说。

"这是一个有力的肯定！"

"是的，我那一天都会过得很糟糕！"她说。

露易丝带着感恩开始她的一天。"这是开始新一天的很棒的方式。"她说。然而就像肯定句一样，她并不是仅仅做一个10分钟的感恩练习，然后就去忙手头的事情。她特别注意让感恩随时陪伴自己。她把提醒放在每个地方。在她厨房墙上的镜子下面有一个标牌，上面用金色字母写着"今天什么让你感恩？"露易丝非常专注地实践感恩，她高兴地向所有人和所有事物表达她的感激之情。

"露易丝，我一直在观察你！"我说。

"是吗？"她腼腆地回答。

"是的。**我看到你在不断地跟这个世界对话**。"我告诉她。

"是吗？"她说。

"是的。你跟你的床对话，跟镜子对话，跟茶杯对话，跟早餐对话。你跟电脑，跟汽车，跟衣服对话。你跟所有的一切对话。"

"是的，我知道。"她自豪地说。

"而且大部分情况下，你都会对它们说'谢谢'。"

"嗯，我很感谢我的汽车没有发生故障，我的电脑帮我和朋友们保持联系，我的衣服穿起来很舒适。"她说。

"你的生活让人着迷。"我告诉她。

"我很幸运。"她说。

露易丝并不总是这么幸运。"曾经有一段时间，我无法对任何东西产生感激之情。"她告诉我。

"我没有想过要练习感恩，因为我觉得我没有什么要感激的。"她回忆起自己第一次感恩练习的情景，和尝试一个新的肯定句相差无几。她感觉不真实，而且似乎也没有效果。然而，这种情况很快改变了。"感恩为我打开了一种看待世界的新方式，"她解释道，"通过把感恩作为每天的祈祷——感谢你，生命；感谢你，生命——我再次学会信任生命。我再次感到自己值得被爱，我开始看到它真的爱我。"

听露易丝谈论感恩，让我想起了基本信任。基本信任存在于我们的原始自我之中。这不仅仅是一种心灵状态，也是一种生活方式。基本信任让灵魂之鸟展翅飞翔。灵魂之鸟信任天空，无形的力量支撑着它，它感受到万物一体（the Oneness）。

它记得自己被爱着，知道自己是值得被爱的。当我们忘记原始自我时，我们会产生基本怀疑（basic doubt）。基本怀疑源于我们对分离的感知。我们想知道自己是否被爱，担心自己不值得被爱。

在童年早期，基本信任是必不可少的。埃里克·埃里克森（Erik Erikson）在他的经典著作《童年与社会》（*Childhood and*

Society）中确定了心理社会发展的八个阶段，每个阶段都建立在前一阶段顺利完成的基础之上。

从出生到2岁之间是基本信任对应基本不信任的第一阶段。慈爱和细心的父母会鼓励和强化孩子建立基本信任。缺乏关爱或漠不关心的父母则会让孩子产生不信任。如果没有得到解决，这种不信任可能会导致后来的认同危机（identity crisis）——这是埃里克森首次提出的一个概念。

正如儿童发展领域依恋理论的先驱者、英国心理学家、儿科医生温尼科特（D. W. Winnicott）所写："一开始（婴儿）绝对需要生活在充满爱和力量的环境中。"温尼科特认识到，**基本信任和安全的抱持环境对于孩子体验他所说的"存在感"（a sense of being）至关重要。**

这种存在感是一种活着的体验，是温尼科特所说的真实自我（True Self，即原始自我）的基本体验。没有它的支持，虚假自我（False Self）就会取代真实自我，进行行为的伪装，以作为对不安全和缺乏关爱的环境的防御。

灵性导师 A.H. 阿玛斯（A. H. Almaas）写了大量文章来讨论基本信任在童年和成年期的"疗愈作用"。他将基本信任描述为一种"被现实所支持"的感觉。他说，基本信任教会我们相信"生活从根本上是仁慈的"，并帮助我们摆脱那些让我们感到自己不值得被爱和没有价值的虚假形象、身份认同、信念和想法。他将基本信任视为对于一种"最优力量"的信念，这种力量帮助我们"勇敢而真实"地投入到生活中去。

阿玛斯在他的著作《整体的面向》(*Facets of Unity*)中写道：

> 如果我们真的产生了这种信任，这种内心深处的放松，我们就有可能怀着爱去生活，欣赏自己的生命，享受宇宙赠予我们的一切，并且对他人和我们自己心怀同情和仁慈。而如果没有这种信任，我们会心存戒备，与他人和自己冲突不断，以自我为中心，自私自利。找到基本信任，就是与我们已经失联的自然状态重新产生联结。

"我喜欢基本信任的声音。"露易丝一边听我谈论基本信任，一边说。

"我也是。"我告诉她。

"你认为我们所有人都拥有这种基本信任吗？"她问道。

"是的。"

"这种信任来自哪里？"

"来自万物一体，就是我们的家园。"我回答。

"基本信任发生什么问题了吗？"

"实际上并没有，"我说，"它从未真正破碎过。它总是与我们同在，但我们的感知让它变得模糊不清。"

"就像乌云遮住了太阳。"露易丝说。

"练习感恩可以让太阳重新现身。"我建议。

"感恩让我再次对自己的生命说'是'。"露易丝说。

"感恩帮助我们重新信任。"我补充道。

"我们所需要的一切都来自统一体的无限智慧。"露易丝继续说道，"所有的指导、所有的治疗、所有的帮助，对此，我无比感恩。"

"阿门！"我说。

一切
都是礼物

　　我计划从1月21日开始写这本书，早在10月份，我就把这个日期写在了日历上。我留出足够的时间来安排自己的日程，这样我就可以不受干扰地写作。就在我准备开始写作的前几天，意外的事情发生了。早上醒来时，我发现自己的左臀部很疼，左腿的神经完全僵硬了。我试着像平常一样行动，但却做不到。我咨询了一位理疗师，还找了两次脊椎指压治疗师。我试图让疼痛消失，但事情却变得更糟糕了。

　　当我坐下来写作时，疼痛已经变得非常剧烈。我左臀部的肌肉紧紧地揪在一起，一片淤青。火烧火燎的感觉在我左腿的坐骨神经上来回窜动。我一直在出虚汗。我感觉自己像一只受伤的动物，拖着自己的身体行走。

　　我担心自己会没有办法写作，但是交稿时间不允许我把事情推后。幸运的是，当我写作时，疼痛减轻了。坐在一堆柔软的垫子上是个有效的办法。我又预约了几次理疗和颅骶疗法。我真的希望疼痛可以走开，但它愈演愈烈。

为什么是现在？我觉得奇怪。我身体健康，也没有从床上掉下来。我没有被卡在某个瑜伽姿势里。毫无疑问，我必须现在写这本书，可偏偏在这个时候出现伤病，实在很不凑巧，却也意味深长。**我试图忽略它，但它想要让我关注。我祈祷它消失，但它仍然在那里。**最终，我意识到这次生病并不是打断了我的日程安排，而是我日程安排的一部分。我需要以更加疗愈的态度来对待它。那么，为什么不问问露易丝呢？

两天后，露易丝和我在 Skype 上聊天。我告诉她患上坐骨神经痛这件事。她也认为这个时间点有着重要的意义。"我写的每一本书都是一次疗愈之旅。"她告诉我。我也是这样。我写的每一本书都带我踏上了计划之外的旅程。无论如何，一切并没有按照我有意识的计划进行。为了找到自己的路，我常常不得不放弃寻找方向。在每一次旅行中，我都会发现意想不到的宝藏和幸福。

"嗯，你对患上坐骨神经痛感觉如何？"露易丝问我。

"我不想要它，也不喜欢它。"我告诉她。

"所以，你想让它消失。"她说。

"是的。"

"你害怕吗？"她问道。

"是的。"

"你害怕什么？"

"我担心自己会因为不能锻炼而发胖，"我说，"我知道这个想法很肤浅，但这是我首先想到的！"

"不要评判恐惧。"她告诉我。

"谢谢你。"我对她的指导心存感激。

"你还害怕什么？"露易丝问。

"我担心病永远不会好起来。"

"你害怕被困住。"她说。

"是的。"

"好吧。**你需要做的第一件事就是消除这种恐惧。**"她说。

"我该怎么做？"我问。

"通过爱。"她说。

我的态度充满了评判。我把坐骨神经痛当成一个问题来对待。我觉得自己好像出问题了，觉得这个时机不好。我拒绝了这个经历，并没有敞开自己。我让自己忙忙碌碌，也很害怕，并且我还在这个过程中变得更加恐惧。

当我告诉一个朋友我患上了坐骨神经痛时，他告诉我他爸爸因为坐骨神经痛不得不停止工作。另一个朋友告诉我，他的女朋友从十几岁起就患有坐骨神经痛，这是无法治愈的。

露易丝鼓励我改变对坐骨神经痛的态度。"我们不要把它当作一个问题看待，"她说，"让我们说出这句肯定句，'这个状况只会带来好的结果。'"在露易丝明智的建议下，我停止了评判。我开始将坐骨神经痛视为一种体验，而不是一个问题。我决定不再抵抗坐骨神经痛，而是与之合作。很快，我发现自己不再那么害怕了。疼痛也开始减轻。在接下来的几周里，我的疼痛从100%降到90%，又降到75%。

露易丝还鼓励我在谈论坐骨神经痛时要谨慎选择措辞。**"你身体的每一个细胞都会对你的想法和你说的话做出反应。"**她告诉我。当你生病或不开心时，消极的肯定会像病毒一样传播开来。

"你还好吗？"你的朋友问。"我不舒服，"你肯定说，"我很痛苦。"你告诉他们。很快，你所有的朋友都知道你抱恙了，然后他们会定期打电话来询问最近的状况。"我还没有康复，"你肯定说，"今天更疼了。"你告诉他们。你每天都会发送数百条这样的心理推文，而你的身体会阅读所有的推文。

露易丝在她的著作《心灵思绪》中写道："身体和生命中的其他一切一样，是你内心想法和信念的一面镜子。"她告诉我们，疗愈的态度就是接受身体传递的信息。露易丝告诉我："疼痛往往是在提醒你没有聆听信息。因此，我们首先要肯定自己愿意得到这个信息。注意，让你的身体和你交谈。为忽视你的身体道歉，并告诉它你现在正全神贯注地倾听。感谢你的身体试图告诉你一些事情。你的身体并不想为难你，而是想帮助你。你的身体并不想与你作对，它是想告诉你如何爱自己，如何允许生命爱你。"

几周前，在飞往圣地亚哥看望露易丝的航班上，我读到了藏传佛教导师佩玛·丘卓（Pema Chödrön）的《当生命陷落时》（*When Things Fall Apart*）一书。她引用了一个学生的话，"佛性乔装成恐惧，踢我们的屁股，要我们学会接纳。"这个信息似乎有点适合我臀部的状况（注意我没有使用"疼痛"这个词）。在与露易丝的那次会面中，她鼓励我倾听来自坐骨神经痛的信息。我们进行了一些对话，讨论了放下过去的痛苦、原谅以往的伤害、活在当下、更加接纳，当然，还有允许生命爱我。

缓慢但确定地，我把我的坐骨神经痛当成了自己的朋友。一天早上，在一次冥想中，我突然想到一个问题：如果我不害怕坐骨神经痛了，我会怎么样？对这个问题的思考缓解了我神经系统的炎症反应。我的身体感觉更轻松了，不适度下降到60%，50%，然后下降到45%。现在我不再那么恐惧了，更加愿意敞开自己接受指导和启迪。

"我希望你每天早上做的第一件事，就是感谢你的身体为疗愈自己所做的一切。"露易丝告诉我。

"对不起，我不能那样做。"我说。

"为什么不呢？"她问道。

"嗯，我每天早上做的第一件事是感谢我的床让我一夜安眠。"我告诉她。

"谁教你的？"她笑着问道。

"一个我非常爱戴和尊敬的人。"

"嗯，我觉得她很有智慧。"露易丝笑着说。

"是的。"我说。

"永远记住，你的身体想要被疗愈。当你感谢你的身体所做的一切时，它真的会帮助自己疗愈。"她说。

露易丝给了我一句她最喜欢的肯定句作为药方，就是"我带着爱倾听身体给我的信息"。我把这个肯定句放进了日常冥想中。很快，我想到了一个新的行动计划。我听从内心的指引，找到好友雷娜·纳哈尔（Raina Nahar）接受了一系列的治疗，她是伦敦的灵气大师和治疗师。我的理疗师鼓励我练习普拉提。

我订购了一台普拉提床用于经典普拉提训练。这个阻力训练设备看起来有些吓人但却非常有效，几天后，它就到货了。我还在朋友们的推荐下，找到了当地的整骨医生芬恩·托马斯

（Finn Thomas）和新的理疗师艾伦·沃森（Alan Watson），他们都帮助我在坐骨神经痛的治疗中取得了重大突破。

我需要参加各种治疗，并且克服身体的不适。即使有了这个新的日程安排，我仍然可以写这本书，没有耽误交稿的截止日期。当我写下这些文字时，坐骨神经的疼痛一直在慢慢缓解。我仍然需要关注身体传递的一些信息。写《生命的醒觉》帮助我以一种新的方式爱自己。它也帮助我变得更加开放，更能接受生命对我的爱。我感恩自己能踏上这段旅程。

信任
之路

"当我第一次被诊断出患有癌症时，我并没有抱着疗愈的态度。"露易丝告诉我。

"你的态度是什么？"我问她。

"我很害怕。"

"你害怕什么？"

"在40年前癌症等同于被判死刑。"她说。

"所以你害怕死亡？"

"是的。我也很迷信。"

"什么意思？"

"嗯，我相信癌症代表着我是个糟糕的人，我把自己的生活搞砸了。"她说。

"你是如何转变自己的态度的？"

"一路走来，我得到了很多帮助。"

"我们没有一个人能单单靠自己康复。"我告诉她。

"疗愈的意愿才是真正的奇迹。"她说。

"为什么？"

"当我准备去做疗愈所需要做的一切时，我似乎就会被带到那个合适的人面前。"

"你能给我举个例子吗？"

"在《生命的重建》中，我讲述了一件事：在学习足底反射术后，我想找一位医生。那天晚上，我参加了当地的一个系列讲座。通常我坐在前面，但这次我感觉自己必须坐在后面。我并不想这样做，但我内心的某种东西让我这么做。总之我一坐下，一位男性就坐到了我的旁边。他是一位足疗师，并且可以出诊。所以我预约了他！"

"太完美了。"我说。

"似乎是一种巧合，"她继续说，"优秀的书籍会出现在我的手边，我会听说附近的讲座，会遇到各种有趣的人。"

"你被引领着走上一条道路。"

"是的。一条信任的道路，一切都那么顺理成章。"

"你认为是什么引领你走上了这条道路？"

"我内心的声音！"露易丝指着自己的胸口说。

"感谢上帝给了你内心的声音。"我笑着说。

她告诉我："因为所有发生在我身上的小奇迹和巧合，我很快就学会了相信我内心的铃声。"

"听起来像是有一个宏大的计划在关照着你。"

"是的。6个月后，我的医生确认我病情缓解。毫无疑问，我知道癌症已经从我的心灵和身体中彻底消失了。"

1999年，我写了一本关于个人成长和进化的书，名叫《转变正在发生》（*Shift Happens!*）。在这本书中，我探索了信任的力量，以及信任如何带领我们度过顺境和逆境。听露易丝讲述她的故事，让我想到信任将恐惧的心态转化为爱，并带领我们踏上深刻而美妙的疗愈之旅。《转变正在发生》这本书出版几年之后，我收到一封署名珍娜（Jenna）的读者发来的电子邮件，她向我诉说了自己的疗愈之旅。她写道：

亲爱的霍尔登博士：

我是一位42岁的女性，住在纽约市。几个月前（感觉像是几年前的事了），我被诊断出患有乳腺癌。我的世界戛然而止，我发现自己突然掉入了地狱。这是一段漫长的旅程，一路上有很多人向我伸出了援手。这段时间发生了许多奇迹，其中一个奇迹是有一天我在地铁的空座位上发现了你的书。

我记得当我拿起你的书时，脑海中有个声音说："这是给你的礼物。"我看了一眼标题，然后笑了。标题非常完美，总结了我对生活的感受。"这正是我现在需要的！"我对自己说。在接下来的几周里，我反复阅读了你的书。我把它放在手提包里，放在床头柜上，去看医生时，我也带着它。你的书陪伴着我，成为我的朋友。

昨天，医生给我做了全面检查。我康复了，但康复的不仅仅是我的身体，还有我的灵魂。这整个经历帮助我以不同的方式看待一切。我指所有一切——甚至包括你的书名。你看，我以为我在读一本叫《生活多么糟糕》（*Shit Happens!*）的书！多么完美的标题！每一天，至少一天10次，我都会拿起《生活多么糟糕》阅读一个章节。我甚至向所有的朋友推荐了这本书。

就在昨天，当我看完医生，坐在地铁上回家的时候，当我再一次拿出《生活多么糟糕》，我才第一次看到这本书真正的名字是《转变正在发生》（*Shift Happens!*）。

我喜欢这个新标题！它非常完美，总结了我对自己生活的感受。

非常感谢

珍娜

"当你害怕的时候，这是一个明确的信号，表明你在依赖你的自我。"我在《转变正在发生》中写道（拼写里有字母 f）。

自我感觉自己是分离的，很难理解什么是信任，只有在我们与灵魂步调一致的时候，才能感受到信任。在《转变正在发生》中我写道：

> 对自我而言，信任就像走独木桥，是一场死亡之旅。这是因为信任会让你超越自我的认知，进入一个拥有更多可能性的领域。信任能唤起你内心最高尚的品质。它能让你获得原始自我的无限潜能。有了信任，一切皆有可能。

信任不仅仅是积极的想法，还是一种存在的方式。最高层次的信任是一种属于原始自我的觉察力。信任告诉你，当你的生活分崩离析时，你自身并没有崩溃，你的本质仍然完好无缺。破裂的是你的自我，以及它的计划、希望和对事物应该如何的期望。"当生命需要重建时，它就会分崩离析。"伊雅娜·范赞特（Iyanla Vanzant）在《破碎后的宁静》（*Peace from Broken Pieces*）中写道。

在我准备写这一章的时候，我听到一个消息，我的挚友苏·博伊德（Sue Boyd）被送进了布里斯托尔医院。她陷入了昏迷状态，被诊断为脑炎，生命垂危。医生告诉我们，即使苏奇迹般地恢复了知觉，她的脑损伤也会非常严重。苏的朋友们立即建立了一个祷告圈。几天后，我们听说她苏醒了。我尽快赶到了布里斯托尔医院。来到她的病房前，我有些踟蹰，害怕自己会看到苏的情况很糟糕。不过我的担心是多余的。

苏坐在床上。两个护士在她身边，她正在跟她们谈笑。"天哪！老伙计，见到你真是太好了！"当她看到我时，这样笑着说。苏和我认识20年了。她就是爱的化身，认识她的人都会赞成我这样说。她是一位知心的朋友，我们共同走过了许多灵性之旅。探望苏的那天，我看到她在护士的帮助下蹒跚地迈出了第一步。"感觉这不是我的腿。"她告诉她们。

我聆听了苏的故事。"真是个大惊喜！"她说，"我从没想过这样的事情会发生在自己身上。"后来，她确定无疑地告诉我："我相信有一个可以让我受益的伟大计划，我完全赞同这个计划。"当我提到自己认为她非常勇敢时，她说："这其实不是勇敢，而是信任。我所能做的一切就是信任。"跟她聊天时，我分享了灵性导师拉姆·达斯（Ram Dass）在跟我谈论信任时说过的一句话：

信任就是意识到

你以为的你无法掌控自己的生命，

但真正的你可以，也终将会掌控你的生命。

我告诉苏，我将要写一章关于感恩的内容，其中有一部分是关于信任的。在我离开之前，我送给她一张露易丝·海的智慧卡。上面写着：我相信自己内心的智慧。"爱才是最重要的。"她说，头上贴着24个脑电图电极。"你早就知道了，苏。"我对她说。脑电图监测仪记录下了苏欢快的笑声。"是的，确实如此，"她说，"但我现在确确实实知道了。"从苏的眼神中，我可以看出她体验到了一种伟大的感觉。"我知道脱离了肉身的我会是什么，"她说，"我告诉你，就是纯粹的爱。"

神圣
的当下

在我们家里，波儿和克里斯托弗是早上第一个醒来的。他们不需要等到太阳升起，也不需要闹铃，他们总是精力旺盛。霍莉和我通常会被两个在我们床上爬来爬去的小家伙从睡梦中惊醒。

"醒醒，爸爸！"波儿喊道。

"快起来，爸爸！"克里斯托弗喊道。

"爸爸，爸爸！"波儿大喊着，用力拽着我的睡衣。

"我们下楼去吧。"克里斯托弗喊道。

"早上好，孩子们。"我说，几乎透不过气来。

"现在是白天了！"波儿说，现在她的语气变柔和了，因为她看到我正在慢慢清醒。

"我们玩火车吧。"克里斯托弗喊道。

"几点了？"我问，因为感觉像是凌晨3点。

"现在是起床时间。"波儿说。

"是的。起来吧，爸爸。"克里斯托弗说，他还不会说"时间"这个词语。

"你们感谢自己的床让自己睡了个好觉吗？"我问，想再争取那宝贵的几秒钟。

"是的！"波儿说。

"是的！"克里斯托弗喊道。

"起来吧！"波儿说。

"当下！"克里斯托弗喊道。

"当下"对孩子们来说是非常神圣的，它独一无二。"当下"是他们的天然栖息地，他们不会在过去或未来上面花费太多时间。"当下"是一次全新的冒险。**成年人常常认为孩子们对"当下"的执着是缺乏耐心甚至粗鲁的表现，但实际上这说明他们充满活力和生命力。**"当下"是唯一真实的时间，也是开始享受乐趣的时刻。

通常，克里斯托弗和波儿早上会先盯着我起床，霍莉可以继续睡。我认为当时霍莉已经醒了，但她会静静地躺着。当她看到我这个观点时，可能会有话要说，不过我是有证据的。

当克里斯托弗和波儿试图叫醒我时，他们有时会说一些非常有趣的话，那时候我能听到霍莉在偷偷地笑。她呼吸的细微变化暴露了自己，比如在我请求波儿和克里斯托弗再给我5分钟的时候。

"早上好，爸爸！"波儿叫道，拨弄着我的头发。

"醒醒，爸爸！"克里斯托弗靠在我的胸前喊道。

"白天到了！"波儿喊道。

"当下，爸爸！"克里斯托弗喊道。

"几点了？"我问。

"钟上面是5、5、5！"波儿说，意思是早上5点55分。

"是的。"克里斯托弗说。

"好吧，再给我5分钟。"我告诉他们。

"波儿，5分钟是多久？"克里斯托弗问。

"我不知道，但5分钟对爸爸很重要，"波儿告诉他。

孩子们对"当下"怀着深深的信仰。对他们来说，"当下"**比过去或未来更重要，是他们获得幸福的最好机会。**"当下"可以让他们找到爱，是全力以赴的时机。审视"当下"的时候，他们看到了露易丝所说的一切可能性。

"当下"也是他们的镜子。在人生早期，孩子们仍然认同"自己值得被爱"的基本真理。这个基本真理让他们产生了基本信任，相信自己是被爱着的。"当下"是个很好的时刻，是一个保有清白感的时刻。

当我们对自己失去信心时，我们就不再相信"当下"会关心我们，满足我们的需要。"我不值得被爱"的基本恐惧和"我是否被爱着"的基本怀疑会扭曲我们的感知。我们忽略了当下。因此，我们会认定此时此刻还不够好，似乎缺少了什么东西。"当下"对我们来说不再真实，所以我们要么试着回到过去，要么朝着更好的未来前进。但是没有了"当下"，我们就迷失了方向。

"就像浪子一样，我们最终都会回到'当下'，寻找我们的精神家园。"我在《转变正在发生》中写道。这段回到"当下"的旅程是一段疗愈之旅。这需要很大的勇气，因为当我们开始回到当下，我们会面对所有的自我评判、自我批评、自我否定，以及清白感的失去。"当下令我们脆弱！"佩玛·丘卓在《当生命陷落时》中写道。然而，只有当我们再次回到"当下"这面镜子前，才能记起什么是真实的，然后放弃那些不真实的。

我生命中的一个伟大礼物是与诗人丹尼尔·拉丁斯基（Daniel Ladinsky）的通信。自从15年前我第一次看到丹尼尔翻译苏菲派诗人哈菲兹（Hafiz）的作品以来，我和丹尼尔就一直互相发送邮件。我撰写的几本书中都摘录了丹尼尔的译作，尤其是《爱的能力》。在《今晚的主题是爱：60首狂野而甜美的哈菲兹诗作》（*The Subject Tonight Is Love: 60 Wild and Sweet Poems of Hafiz*）中，丹尼尔收录了一首诗，我知道自己会摘录这首诗放在这本书的某处。诗名叫作"你此刻所在的这个地方"（This Place Where You Are Right Now），它与基本信任有关，也是对当下的致敬。这首诗的开头是这样的：

> 此刻你所在的这个地方
> 上帝在地图上为你圈出。
>
> 无论是你的眼睛、手臂和心脏移向何方，
> 是对着大地还是天空，
> 至爱都躬身在那里——
>
> 至爱都躬身在那里，
> 他知道你正在走向他。

基本信任认可了你是值得被爱的，当下生命爱你。"当下"给你救赎和启迪，无论你犯过什么样的过失，有过多么不堪的过去。"当下"是爱的别称，也是上帝的别称。

露易丝跟孩子一样，对"当下"怀有深深的信仰。她曾经告诉我："通过改变与'当下'的关系，我疗愈了自己的生命。""当下"所带来的礼物就是我们总是有机会重新开始。每

一个"当下"都邀请你放下过去。每一个"当下"都是通往美好未来的门票。只要我们愿意仔细端详，每一个"当下"都会给我们带来礼物。

基本信任让我们看到，我们已经找到了自己的人生之屋中最理想的座位。即使你当下的境况（包括你的职业、婚姻、经济状况、健康、情感史、困扰等）并不如你所愿，但你却可以从这里开始你的疗愈之旅。埃克哈特·托利（Eckhart Tolle）在《当下的力量》（*The Power of Now*）一书中写道：

> 无论当下包含着什么，都要接受它，就好像你选择了它一样。始终与它合作，而不是对抗它。让它成为你的朋友和盟友，而不是敌人。这将奇迹般地改变你的一生。

在《快乐从心出发》（*Happiness NOW!*）中，我发现疗愈和获得幸福的最好时机总是在当下。要想真正快乐，我们必须愿意放弃对幸福的追逐，在此时此刻重新审视自己。我还分享了这行文字：

HAPPINESSISNOWHERE

正如我在《快乐从心出发》中所写的那样，我们可以至少用两种方式来阅读这行文字。我们可以认为"幸福无处可寻"（happiness is nowhere），也可以觉得"幸福就在此时此地"（happiness is now here）。这与我们生活中发生的事件本身有一定的关联，**但真正重要的是你如何看待事件。你的看法才是关键。**

如果缺乏基本信任，你会把当下的每一刻都当作通往别处的垫脚石。你追求幸福、成功和爱，但却徒劳无功。"在我的康复之旅中，我有意识地选择了更多地活在当下。"露易丝曾经告诉我，"一开始，这就像是搬入一座冷冰冰、没有人气的空房子。但我越是生活在当下，就越有家的感觉。生活在当下让我学会了相信生命，看到我需要的一切已经为我准备好。"

每一个时刻都是为你准备的一次课程、一份礼物、一份教诲。这些帮助的目的是什么？宇宙间的爱是为了什么？嗯，我认为露易丝在《强大的想法：365天每日肯定句》（*Power Thoughts*: 365 *Daily Affirmations*）中用一个肯定句作了完美的总结。这句话是：

> 每一个时刻都是一个极好的新机会，
> 让我成为更加真实的自己。

每日感恩

"猜猜我晚上做的最后一件事是什么？"露易丝眨着眼睛说。

"是什么？"我问。

"我和世界各地成千上万的人一起进入梦乡。"她笑着说。

"你是怎么做到的？"

"人们把我带到他们的床上！"她说。

"有意思！"

"他们下载了我的音频，这样我们就可以躺在床上，在睡觉前一起冥想。"她解释道。

"露易丝·海，你真是太爱开玩笑了！"

"猜猜我睡觉前还能做些什么？"

"我猜不出来。"我说。

"我回顾这一天，祝福和感恩这一天的每个经历。"她告诉我。

"你是在床上这样做的吗？"

"是的，大部分时候。前几天晚上，我打开了你送给我的那面上面刻着'生命爱你'的袖珍镜子，大声对镜子说出了我的感恩。"

我说："大声说出感恩是非常有力的。"

露易丝说："是的，这力量比仅仅在心中感恩要强大得多。"

"我喜欢在波儿入睡前，和她一起分享感恩。"

"鼓励孩子们练习感恩是非常重要的。"露易丝说。

"也很有乐趣。"

露易丝说："如果你的一天从感恩开始，以感恩结束，你的生命将充满你意想不到的福佑。"

"在开始练习感恩之前，你不会知道感恩有多么强大。"我说。

"练习感恩总是比你想象的更加美妙。"露易丝说。

"只有这样做，你才能体验奇迹。"我说。

"感恩是一个奇迹。"露易丝说。

感恩是一种心灵练习。每次你向自己的生活表示感谢，哪怕只是因为绿灯和免费停车位，你就离爱又近了一步。感恩总是把你带往爱的方向。感恩会让你看到自己的内心。练习感恩可以帮助你培养对生活和自己的爱的觉察。

当你记得感恩时，你会感到自己是幸运的，不仅仅因为你所拥有的，也因为你就是真正的自己。练习感恩可以帮助你记住"自己值得被爱"的基本真理。越多地练习感恩，你就越能成为真正的自己。

> 感恩是一种观察力的训练。想象一下你对着镜子，想要大声说出目前生活中值得感恩的10件事。如果你以前没有做过这样的感恩练习，一开始可能会很困难。你甚至可能会告诉自己，说出10件事是不可能的。然而，如果你关注自己的生活，贴近自己的心灵，就会毫不费力地找出10件事。事实上，你通常会找出不止10件。感恩带来全新的觉察，它会改变你的内心活动，打开你的视野。你会以新的眼光看待这个世界。

感恩是一个神圣的"是"。当你很容易感恩的时候，这表明你走在正确的人生轨道上。然而当感恩变得很困难时，这提示你需要停一停，因为你已经与自己渐行渐远，忘记了什么是真正神圣的。练习感恩可以帮助你识别和欣赏生命中神圣的"是"。

当你像露易丝那样以感恩开始新的一天，就不会迷失方向。感恩是一种祈祷，它能帮助你走在正确的人生轨道上，对真实说"是"。爱德华·卡明斯（Edward Cummings）写了一首美丽的诗，开头是：

我感谢您上帝，为这神奇的一天：

为林间那欢跃的绿色精灵

和天空那湛蓝的梦；

并为所有的自然、无限和肯定。

感恩能增强你的觉察。当我告诉露易丝自己患上坐骨神经痛时，她谈到了感恩的疗愈力。"在某个时候，你会对坐骨神经痛心存感激，"她说，"我并不是说你现在应该感激它。这可能太早了。但在某个时候你会感激它的，因为你会看到这个病痛给你带来了信息，甚至是礼物。"在露易丝告诉我这些之后，我进行了一次内心的探究，我连续10次补全了这句话：我很感激坐骨神经痛，因为……我觉得这种做法很有启发性，对我也很有帮助。我的疼痛程度很快就降低到30%，接着是20%。

感恩会让你产生基本信任，可以帮助你停止评判。它给了你另一个角度，另一种看待事物的方式。"生命中发生的一切并非偶然，而是为你而来。"我在《做快乐的人》中写道。有时候，预约取消、拒绝、堵车、恶劣天气都会给我们带来礼物。一次裁员、一场疾病或一段关系的结束，都可能是更美好事物的开始。

"对于任何一件事，我们都不知道它的真正意图是什么。"露易丝说，"即使是一场悲剧，最终也可能会给我们带来极大的获益。因此我喜欢这样说，'我生命中的每一次经历都会在某种程度上让我受益。'"

感恩让你回到现在。练习感恩帮助你在生活中更多地临在当下。越是关注当下，你就越不会感觉到缺失。最近有人在我的 Facebook 上发了这样一条消息："你可能会觉得隔壁家的草坪更绿，但如果你花时间浇灌自己的草坪，它同样也会绿意盎然。"练习感恩可以帮助你浇灌自己的草坪。感恩帮助你在事情发生的当下全力以赴。感恩教导你，幸福总是在此时此刻。

在这一章中，我们设计的心灵练习叫作"每日感恩"。我们邀请你站在镜子前，补全这句话十次：我生命中最感激的一件事是……

请务必大声做这个练习。听自己说出你的感恩会使效果加倍。我们鼓励你每天早上和晚上各做一次表达感恩的练习，坚持七天。记住，如果只是纸上谈兵，这些心灵练习无法产生任何效果。只有通过实践，它才能发挥作用。通过练习感恩，你将以一种全新的方式步入生活。感恩牵着你的手，你会更清楚地看到自己是值得被爱的，生命爱你。

第六章　学会接纳

从你出生的那一天起

就有如此之多的礼物尚未打开。

——哈菲兹

在我们写作《生命的醒觉》的时候，87岁的露易丝举办了她的第一次公共艺术展。位于加利福尼亚州维斯塔市中心主街画廊的 ArtBeat 举办了这次展览。展览被命名为《露易丝·海艺术展》，展出了露易丝创作的20幅油画和水彩画。露易丝参加了1月25日举行的画廊招待会，人们四处走动观看着她的作品。在招待会的前一天，我打电话祝贺她。"我觉得自己很幸运！"她告诉我。

《慈悲的佛陀》是露易丝为佛陀画的肖像，是她这次展览的压轴之作。这是一幅大型油画，高3英尺，宽2.5英尺。一尊身着明黄和宝蓝服饰的金色佛像，以莲花坐的姿态端坐在紫红色和粉色相间的莲花宝座上。佛陀的头部有一圈白色的光晕，左手托着一个罐子。背景由翡翠绿、黄色和橘色层层堆叠而成。

这幅画现在挂在位于加利福尼亚州卡尔斯巴德的海氏出版公司总部大厅里。"它欢迎并祝福所有来到这里的人！"露易丝说。我喜欢这幅画，我家中办公间的门口挂着一副全尺寸的复制品。我每天上楼工作时都会看着它，并得到祝福。露易丝没有在她的主要作品中写过或谈论过佛陀。因此，我很期待了解她对佛陀的看法，并和她一起探索慈悲的佛陀与"生命爱你"这个信条之间的关系。

"佛陀是活着的圣人，"露易丝告诉我，"我相信他体验了你所说的原始自我。在开悟过程中，他体验到统一体的无限智慧，接收到造物的祝福。"我请露易丝再解释一下。她说："是宇宙意识创造了我们，它会支持自己所创造的一切。我们是宇宙中心爱的孩子，我们被赋予了一切。我们生来就得到福佑。**佛陀告诉我们，每一个人都是得到庇佑的。**"

"你画《慈悲的佛陀》花了多长时间？"我问露易丝。

"85年！"她大笑着说。

"这是个不错的答案。"

"总共花了大约5年时间。"她说。

"那是一段漫长的旅程。"

"我无法独自完成这段旅程。"她说。

"能解释一下吗？"

露易丝的第一位老师是一位英国艺术家，他偶尔会去圣地亚哥。她告诉我："他在圣地亚哥的时候，我上了他的课，他给我布置了画佛像的任务。"露易丝以前从未做过这样的尝试。"画佛像的轮廓需要非常地精准，就像上数学课一样。我必须擦去很多线条，"她笑着说，"画佛像是我老师的主意，没有他温柔的鼓励，我是做不到的。"

露易丝在多次课程后完成了佛像的线条勾勒，然后开始上色。"我开始自己上色，但感觉不太满意。"她说，所以她把作品在画架上搁了几年。"我记得有一天我在想，当学生准备好，老师就出现了！"露易丝回忆道，"那是在我遇到了下一位老师琳达·邦兹（Linda Bounds）之后不久。"露易丝与琳达这位当地艺术家建立了亲密的友谊。露易丝告诉我："琳达激发了我的艺术才能，当时我并不知道自己拥有这种才能。我们一起踏上了我将永远珍视的旅程。"

琳达教露易丝如何在画布上一层又一层地堆叠色彩。她花了大约2年的时间来画《慈悲的佛陀》。正是在这段时间里，绘画成为露易丝的冥想方式。她开始聆听佛陀的声音。她被他身上的"普世之爱"所深深打动，因此将自己的画命名为《慈悲的佛陀》。

"我开始和佛陀交谈。"露易丝告诉我。

"你们谈了些什么？"我问。

"所有的一切。"她笑着说。

"到底是什么？"我说。

"我请求佛陀帮助我绘画。"她说。

"明智之举。"

她补充道："我告诉佛陀，我担心自己没法完成这幅画。"

"佛陀说了什么？"

"他说'记住，宇宙爱你，希望你心想事成'。"

每当露易丝创作这幅画时，她会更多地聆听佛陀的开示。"首先，我请佛陀帮助我完成绘画。他给了我很大帮助，所以我开始为其他事情寻求帮助。我请求他支持我更多地爱自己、宽恕他人、心怀感恩和接受引领。我没有向佛陀寻求物质上的帮助，而是为我的心灵寻求帮助。我认为佛陀非常慈悲，他普渡众生。"

当我请露易丝总结她画《慈悲的佛陀》的体验时，她说："佛陀教我耐心、温柔地对待自己。要完成这幅画，我必须找到我内心的小女孩——那个叫露露的女孩——她可以不带着恐惧、自我评判和自我怀疑去绘画。最重要的是，我必须更开放，更愿意接纳。这幅画经由我完成，但它真正的作者不是我。所以这幅画的全名是《慈悲的佛陀：勤问必有所得》。"

已然
法则

　　"我记得是什么时候我第一次发现自己其实很富有。"露易丝告诉我。

　　"那是什么时候？"我问。

　　"当时我发现自己能买得起任何一本喜欢的书。"她说。

　　"那是你多大？"

　　"大约40多岁。"她说。

　　"为什么是书？"

　　"我很缺钱。我甚至没有手表。书籍感觉就像一种奢侈品，但是我可以负担得起。"她告诉我。

　　"你当时在读什么书？"

　　"佛罗伦斯·斯科维尔·希恩（Florence Scovel Shinn）的《一生的游戏规则》（*The Game of Life and How to Play It*）给了我很多灵感。我喜欢她的务实和直截了当。"露易丝说。

"你和佛罗伦斯可以成为灵魂姐妹。"我告诉她。

"我一直对她有一种强烈的亲切感。"露易丝笑着说。

"你还读了什么？"

"埃米特·福克斯（Emmet Fox）的作品让我受益匪浅。"她说。

"为什么这些书能让你感到富有？"

她说："它们都提到，我们所有人天生就有获得爱和丰盛的能力。"

"对此，你感觉如何？"

"嗯，一开始我觉得这很可笑！"她大笑着说。

"为什么？"

"我觉得宇宙的丰盛与我无关。我可以相信它为别人而存在，但不是为了我。"

"你觉得自己不值得被爱，"我说。

"当时我很自卑，我还非常生气。"她说。

"你为什么会生气？"

"这些书告诉我，**恰恰是我自己妨碍了获得爱和丰盛的能力。**"她再次笑着说。

"但你还是坚持读下去。"

"是的。这些书是我的救生索。我记得我告诉自己，现在我找到了这些书，我会设法找回自己获得爱和丰盛的能力，不会让自己再次遗忘这种能力。"她说。

我思考了露易丝诉说的这段故事。那些书籍是她的阿拉丁神灯。它们唤醒了她原本拥有的潜能，这种能力帮助她踏上康复之旅的第一步。大约40年后的今天，她是这个星球上最畅销的作家之一。

"你第一次感到自己其实很富有是在什么时候？"露易丝问我。

"我18岁的时候。"我告诉她。

"你当时很年轻。"露易丝说。

我说："我选择早点应对中年危机。"

她说："我知道我们不应该比较彼此的旅程，但有时我希望自己能早点知道这些。"

"每个人都有各自神圣的安排！" 我引用了佛罗伦斯·斯科维尔·希恩书中的话，露易丝笑了。

"那么在你18岁时，发生了什么？"她问道。

"我遇到了阿凡提·库马尔，我的第一位灵性导师。"

"他跟你说了什么？"

"嗯，他让我读了很多书。像《道德经》《薄伽梵歌》（*Bhagavad Gita*）、《法句经》和《一个瑜伽行者的自传》

（*Autobiography of a Yogi*）等——这本自传让我第一次了解到肯定句。这些著作也是我的救生索。"

"你曾经和我一样痛苦吗？"她问道。

"是的。就像你一样，我相信其他人身上都有一种神圣的潜力，但只有我自己例外。"我告诉她。

"你觉得自己不值得被爱。"她说。

"是的，但我一直往下读。"

"你在聆听你内心的声音。"露易丝笑着说。

"谢天谢地，我做到了。"

"那么，这是如何让你感到富有的呢？"她问道。

"阿凡提是第一个告诉我'你已足俱'的人。"我告诉她。

"你相信他吗？"她问道。

"我问阿凡提'如果我已经很丰盛了，为什么我感觉不到呢？'他说那是因为我给自己设置了阻碍！"

"我猜你生气了。"露易丝笑着说。

"是的，我有一点生气。"我告诉她。

"然后呢？"

"阿凡提说的话让我大吃一惊！"

"他说了什么？"

"他说，**我现在感觉不到丰盛的原因是，我并不期待自己**

在此刻感觉丰盛，我希望是在将来。"

"真不错。"露易丝说。

"阿凡提帮助我在灵性之路上迈出了第一步。"

"第一步是什么？"露易丝问道。

"愿意在内心寻找爱的阻碍。"

"消除我们的障碍。"露易丝说。

"阿门。"

阿凡提·库马尔教会了我"已然法则"（The Already Principle）。原始自我，即我们的真实本性，已经得到了福佑。"从宇宙诞生开始，一切生灵皆是佛。"日本禅师白隐慧鹤（Hakuin）说。我们与生俱来就有一种永恒的智慧，这种智慧已然存在于我们心中，并帮助我们记起自己所遗忘的东西。在灵魂深处，我们找到了这笔神圣的遗产。我们发现自己已然是自己最期待的样子。

这种神圣的潜能存在于当下，而不是未来，它是我们的一面神圣的镜子。我们在这面镜子里看到了上帝赋予我们的天赋。在这里，我们找到了莫大的幸福、永恒的智慧和无限的爱。然而不知何故，**我们遗忘了这面镜子，无数张便利贴覆盖了它**。

这些便签上写着可怕的信息，比如我不值得被爱、我不够好，充满了我们的评判、自我批评、自我否定和无价值感。

巴勃罗·毕加索（Pablo Picasso）有一句话经常被引用："**每个孩子都是天生的艺术家，问题是怎样在长大之后仍然保持这种天赋。**"

按照已然法则，你已经得到了人生之旅所需的一切。无论走哪条路，神的指引都会在那里与你相遇。佛罗伦斯写道："我已经为我生命中的神圣计划做好了充分的准备，我完全可以轻松应对。"佛罗伦斯的肯定句让我想起了电影《欢乐满人间》中的场景，在简和迈克尔的眼前，玛丽从她那取之不竭的旅行包拿出一件又一件东西。我们真正的潜能就是如此。当我们需要它、请求它时，它就会出现。它比我们的自我所能承载的任何东西都要宏大。

我们的至暗时刻又会如何呢？此时，我们的自我一蹶不振，我们怀疑爱是否存在，我们踽踽独行，感觉无比孤独。在这些糟糕的时候，任何人说的话都会让我们觉得刺耳，无异于在伤口上撒盐。可是**在你毫不知情的时候，即便在被人遗忘的角落，疗愈也已经悄然发生**。现实就是如此。没有任何事物会发生在万物一体之外。爱不会抛弃任何人。

这个原则让我们想起真正的自己和现实的本质。它告诉我们，对这个世界，我们不能只看眼前发生了什么。在恐惧的世界里仍然可以找到爱。即使穷困潦倒，你也是丰盛的。即使你经历了冲突，也仍然会有和解。即使你孤身一人，也会有人伸出援手。即使你迷失了方向，也会有人指引你。你需要的一切都在这里，就在此时此地。这就是为什么露易丝总是鼓励我们用现在时态来祈祷和说出肯定句，比如：

今天我愿意让生命爱我。

我已经了解了需要知道的一切。

我满怀感恩地接受在当下生活中

我所拥有的一切美好。

我现在放下了所有的挣扎，内心平静。

我的疗愈已经开始了。

我现在接受并感谢

宇宙赐予我丰盛的生命。

超越
独立

　　我在为期3天的"爱的能力"课程中教授了一个名为"生命爱你"的模块。在这个模块中，我们将探索爱的阻碍。我们特别关注的自己是如何让被爱成为难题的。我们看到，**因为我们不能自爱，别人就更加难以爱我们**。我们会审视对爱的恐惧、我们在人际关系中扮演的角色、我们过去的怨恨，以及让我们无法接纳爱的防御。我们特别关注的一个爱的阻碍就是独立。

　　你有多么独立？我在"生命爱你"模块开始时会问学员这个问题。接下来我会问：你是 H.I.P. 还是 D.I.P. ？我会向他们解释 H.I.P. 代表健康独立者（Healthy Independent Person），D.I.P. 代表过度独立者（Dysfunctional Independent Person）。独立可以分为健康的独立和过度的独立。如果你想让生命爱你，你必须知道两者之间的区别，并做出正确的选择。

　　健康的独立是一种创造性的力量，它贯穿于每一个人和每一件事。这种创造力来自万物一体。宇宙能量的统一场就是这样孕育花朵、鲸鱼、彩虹、星星、紫水晶和人类的。它赋予生命形式，使胚胎变成婴儿。它帮助孩子们迈出第一步，自己站立起来。"我可以完全靠自己。"孩子喊道。很快，他就可以奔跑和玩耍了。所有这些都不是孤立地发生的，需要充满支持和爱的抱持性环境。

健康的独立可以帮助我们在集体中找到自己的位置，以及真实地表达自己。 在内心深处，我们知道自己是被庇佑的、是被爱着的，并且也是值得被爱的。你立于天地之间，由万事万物孕育而成。顺便说一句，这不仅仅是诗歌，这是科学。

在"生命爱你"模块中，我为学员们播放了一段由天体物理学家和宇宙学家卡尔·萨根（Carl Sagan）主讲的短片。萨根在其中说："如果你想从头开始制作苹果派，就得先创造宇宙。"

健康的独立可以促进思想的自由，它帮助我们了解自己的心灵，以最纯粹的形式表达原始自我。正如心理学家亚伯拉罕·马斯洛（Abraham Maslow）在他关于需求层次的著作中所解释的那样，它帮助我们"独立于他人的好感"。健康的独立帮助我们摆脱束缚，自由地表达自己。它帮助我们展现自己的个性，完全成为自己，那个充满智慧的人。

"健康的独立拯救了我的生命，"露易丝曾经告诉我，"它让我有勇气在15岁时离开家，摆脱虐待。"健康的独立可以让你摆脱困境，它帮助你求助于一种与生俱来的智慧，这是你真正的力量。它可以让你避免陷入不健康的依赖和自暴自弃中。没有健康的独立，原生家庭的模式就无法得到疗愈，人类也无法朝着爱的方向进化。

那么过度的独立呢？从根本上说，过度的独立是一个错误。所谓过犹不及，我们不再把自己看作宇宙的个体表达。相反，我们相信自己是凭空而来的。我们是孤立的存在，这是我们的肉眼所看到的。然而，当你通过心灵之眼，或者通过量子物理的透镜观察时，会发现所有形式的分离，包括个人的自我，都是爱因斯坦所说的"视觉错觉"。

过度的独立让你十分孤独。它把你带到了万物一体之外，这个地方可以称之为地狱。过度的独立将你与所有事物分离，包括你自己。**当你不再与他人接触，也就失去了与自己的联结。**你的自我意识分崩离析。甚至于，你感觉不到自己的内心，失去身体的感受性，想法变得自相矛盾，你不再确定自己是否拥有灵魂。你的自我试图取代原始自我，但如果没有原始自我的支持，它会感到孤独、疲惫、无人关爱。

过度的独立会带来很大的恐惧。这是我们出于恐惧而做出的选择，也会引发更多的恐惧。最常见的情况是，过度的独立是我们对创伤产生的反应。有一次，你受伤了。你躲到自己的堡垒里面，这让你感觉很安全，于是你决定在周围建一堵城墙，保护自己不再受到伤害。这堵墙完成了自己的任务，却也把整个世界拒之门外。

不幸的是，这让你只能独自和最初的伤害共处。什么都无法穿越这堵城墙，包括那些帮助你、爱你的人，甚至天使。过度的独立是爱的阻碍。越是成为过度独立者，就越与世隔绝。在你的自我看来，这应该会让你安全，但事实并非如此。

越是封闭，你就越害怕一切，包括爱，因此其他人就很难来爱你。你害怕爱会让你受到伤害，而你不想再次受伤。然而**事实上，爱从来没有伤害过你**。那些不是爱的才会给你带来伤害。爱永远不会伤害，并且只有爱才能拯救你。

过度的独立会让你无路可走。单打独斗无法让你走得太远，过度独立会阻碍你的成长。你试图独自应对生活，没有反馈、帮助和爱，这是行不通的。物理学家戴维·玻姆说："个性只有从整体中才能展现。"换句话说，只有当我们回到万物合一，允许生命爱我们，我们才能完成真正的宿命，成为真正的自己。

露易丝曾对我说："宇宙的所有大门都为你敞开。通往智慧、通往疗愈、通往爱、通往宽恕、通往丰盛的大门，统统是敞开的。无论你的一天是否美好，这都是事实！"万物一体在任何时候都是开放的。在过度独立的另一面，是一个充满灵感和爱的宇宙。世界在等待着你，你只需要在那堵墙上开一个洞，装一扇门，然后把爱邀请进来。

你的原始自我处于全然的开放中，随时都愿意接受爱的信息。在"生命爱你"模块中，我与学生们分享了露易丝最喜欢的一个关于爱的练习。这个想法是张开双臂站在镜子前说："我愿意接受爱。接受爱是安全的。我同意接受爱。"露易丝建议你每天做3次。这是一个非常简单的练习，可以帮助我们打开心门，最终推倒壁垒。我把露易丝关于全然开放性的美妙祈祷，作为"生命爱你"模块的结语：

在我广阔的人生中，

一切都是完美、圆满而完整的。

我相信有一种远远比我强大的力量

每一天的每一刻都在我心中流淌。

我向内心的智慧敞开心扉，

因为我了解宇宙中只有一种智慧。

所有的答案都由这种智慧而来，

所有的解决方案，所有的疗愈，所有新的创造。

我相信这种力量和智慧，

因为我了解自己需要知道的一切都会出现在眼前，

并且我需要的一切都会来到我这里，

在适当的时间、空间和时机。

在我的世界里，一切都很好。

顺其
自然

即使是在许久之后，

太阳从不对地球说，

"你欠我的。"

看会发生什么，

带着这样的爱，

它照亮了整个天空。

《太阳从来不说》(*The Sun Never Says*) 这首诗是哈菲兹的作品，丹尼尔·拉丁斯基又一次完美地翻译了它。它让我们瞥见了爱的无条件的本质。它提醒我们，**真爱是心甘情愿、不计回报的付出，而且我们所有人都同样可以得到它。**

这种爱比任何人想象的都要博大，因为它宽广无垠。可以说，没有人能真正理解这种爱。它不仅仅是一个想法。它来自万物一体，是统一场的原始能量，是生命的基本意识。它是宇宙的心灵，彰显着无限的慷慨。

爱是无条件的。当我们与原始自我保持一致时，很容易记住这一点。因而，我们自然会意识到自己是值得被爱的，并且相信自己是被爱着的。然而，当我们因为某种原因失去了爱的恩典时，我们就看不到自己是谁，也看不到爱是什么。

爱变成了一个神话，甚至更糟的是，成为一种宗教。"我不值得被爱"的基本恐惧和"没有人爱我"的基本怀疑扭曲了我们的感知，自我以为它可以代表爱。就这样，爱与我们分离了。**我们以为，如果想要再次得到爱，我们就必须值得被爱。**

我们从来都不需要去赢得爱，而是可以自由地得到它。要理解爱的真谛，并允许生命爱你，我们就必须接受"爱与是否值得"无关。爱不是交易。它不是一枚可以消费的硬币。爱永远不会对你说："你欠我。"

爱不是一种评判。**不管你的过去有多糟糕，爱都在等待你。**爱不会忘记任何人，包括你，也包括你的宿敌。爱是无条件的，因此它无比强大。它消除了一切藩篱，推倒了每一个阻碍。它让每个人都找到归途。

只要相信有价值才能获得爱，你就会无法全然接受世界对你的爱。你的自我形象会设定条件，而不是爱。你的自我会订立契约，而不是爱。这份契约是一个内部协议，充满了与爱毫无关联的个人规则和标准。契约中设定的条件因人而异，有各种各样的条款，比如"如果……我就接受世界对我的爱""当……的时候，我可以接受世界对我的爱"。这些条款最常见的三种类型是我们必须埋头苦干、我们必须受苦受难和我们必须成为殉道者。

"生命爱我们，它会帮助我们写这本书。"在我们协商撰写《生命的醒觉》的那天，露易丝在一封电子邮件中这样说。在这封邮件中，她写道："这本书其实已经写好了。我们所要做的就是顺其自然。"她的话让我想起了在印度菩提迦耶遇到的一位僧人。我们在生长在摩诃菩提寺旁边的菩提树下相遇。正是在这棵树下，悉达多·乔达摩（Siddhartha Gautama，也称为释迦牟尼）静坐了七天七夜，顿悟成佛。

这位僧人正在制作一幅精美的唐卡，这是一幅用棉线和丝绸绘制的执金刚菩萨佛像画，执金刚菩萨代表着普世之爱和智慧。当我对他的杰作表示赞叹时，僧侣微笑着说："我是神的复印机。是神给了我这些图像，我只是原封不动地把它们绘制下来。"他告诉我，**一个真正的艺术家需要专注，但不需要努力。**"付出努力的并非自我，而是冥冥之中的力量。"他说。

我喜欢写作的一个原因是，每一篇文章都是共同创造和合作的成果。尽管写作是一种孤独的行为，但作家在写作时并非孤身一人。在顺利的时候，文字在笔尖流淌，不费吹灰之力。我也经历过几次不太顺利的时候，我能感觉到文字在笔端呼之欲出，但却无法在纸上排列成行。通常情况下，阻碍在于我太过努力了。我在努力推动写作的思绪，我在尽力促使事情发生，而不是顺其自然。

在写这本书的过程中，我收到了露易丝的许多爱，鼓励我顺其自然地工作，向灵感敞开心扉，让自己接受引领，并相信这个过程。就像她画《慈悲的佛陀》一样，她希望这项工作可以借由我们来完成。

早些时候，我们创建了一个肯定句清单，以帮助我们专注于写作。这些句子包括：爱我们的生命正在写这本书；日常生活会帮助我们撰写《生命的醒觉》；我们对在写作《生命的醒觉》时得到的支持和指引心怀感恩。我为自己写的每一本书都列了一个肯定句清单，而和露易丝一起做这件事特别有趣。

露易丝并不赞成我们必须埋头苦干，至少是通常意义上的。她不相信这句格言：如果你想把事情做好，就必须亲力亲为。**她不赞成做一个独立的实干家。**"在我人生的前半段，我做了很多无用的努力，因为我不知道还有更好的办法。"她告诉我，"我试着凡事亲力亲为，结果我离婚了，过得不快乐，还得了癌症。渐渐地，当我让自己接受别人的帮助，更愿意接纳的时候，我的生活不再那么艰难了。慢慢地，我学会了爱自己，并且相信生命也爱我。"

露易丝坚信，实际上没有什么可以阻挡爱。"我们所遇到的阻碍都是想象出来的，并不真实。"她说。是我们的自我幻想了这些阻碍，而不是爱。"**生命并不希望我们受苦。**"她说。我们之所以遭受痛苦，主要是因为我们不知道在每一刻都会有神明相助。我们以为自己必须独力承担。我们受苦，我们挣扎，我们作出牺牲，因为我们不能全然接受生命对我们的爱。

许多个世纪前，在菩提迦耶，当悉达多坐在菩提树下时，他厌倦了对开示的寻找，希望可以在当下顿悟。在修行之路上，他践行了苦行、牺牲和苦难，以期获得开示，但却并未成功。然后，当他坐在那个不动之地时，他决定结束自己的寻找。他停止了尝试，放松下来，什么都不做。在那一刻，他终于体验到宇宙的伟大福泽。

据说，佛陀觉醒后的第一句话是"现在我与众生开悟"。这非常重要。他没有说，"我比你们的觉悟更高"，或者"我已经开悟了，而你们没有"。每个人都可以像他那样开悟。这种可能性就在当下，而不是在未来。当我们向爱敞开心扉时，爱就会向我们敞开心扉。我们都是属于万物一体，都是爱的宏伟巨作的一部分。

普世之爱就像太阳一样，照耀着每个人。爱不会把任何人排除在外。正如意大利物理学家和哲学家伽利略·伽利雷（Galileo Galilei）所说，

太阳，

虽然有那么多的

星球围绕着它，

依靠着它，

仍然可以若无他事般地

让一串葡萄变熟。

接纳日志

露易丝和我正在她的厨房吃早餐。她拿来了两杯用搅拌器自制的冰沙。"给！"她递给我一杯。冰沙很浓稠，闻起来像蔬菜的味道。"这里面是什么？"我问。露易丝笑了。"各种利于健康的食物。"她说。也就是说，她不想告诉我到底是什么。"你所要做的就是接受。"她说。她知道今天早上我们的话题是接纳。在喝第一口之前，我大声祈祷："哦！上帝，帮助我接受吧。"

在喝冰沙的时候，我和露易丝用平板电脑观看了她在 ArtBeat 画廊举办画展的短片。这个展览非常受欢迎。最初计划的展期是两个星期，后来延长到六周。数百幅《慈悲的佛陀》被卖出，每一幅画上面都有露易丝的亲笔签名，售画所得将捐给她的慈善机构海氏基金会。

"我从没想过要开艺术展。"露易丝告诉我。

"你的艺术才能是上天给你的礼物。"我说。

"小时候，没有人鼓励我去表达自己的创造力。"她说。

"我也是。"

"有人说我不会跳舞，所以我不再跳舞。"露易丝说。

"我在班上被归为不会唱歌的那一类。"我告诉她。

"多年来，我告诉自己'你没有创造力'。"她说。

"这是一个有力的肯定。"

"宇宙的创造力流经每个人。"她说。

"没有例外！"

"每个人都有创造力，我们每天都在创造我们的生活。"她说。

"我们的生活才是真正的画布。"我说。

"是的。通过挖掘宇宙的创造性，我们展现了自己真正的潜力，在生活中创造了奇迹。"她说。

"我们如何挖掘这种创造性？"

"通过学习接纳。"她回答。

接纳者会获得庇佑。最纯粹的接纳是对你的真实本性保持开放和接受。它与事物无关，只关乎你自己。它与拥有或得到无关，而是关乎存在。要知道自己是谁，没有任何条件或借口，需要我们能够真正地接纳。它与自我接纳有关。当我不再评判和否定自己时，我是谁？这是你需要探究的问题。沿着这条宽阔的道路，它会带你回到原始自我面前。在这里，你体验了原初的福佑，就像浑身都浸润了蜂蜜一般。

接纳是一种灵性练习。每一次当你说"我是开放的，我接纳自己最美好的一切"，就是在培养一种全然开放的状态。佛教文化中用空性（shunyata）来形容全然的开放。它是指你对初心的觉察，放空了自我、恐惧、自我评判、无价值感、自我怀疑、怨恨和抱怨。空性就是爱的感觉。这种全然的开放可以帮助你接纳美、灵感、指引、疗愈和爱。

接纳是一个硕大无比的"是"。"宇宙对你说'是'，"露易丝说，"它希望你体会最美好的一切。当你请求获得最美好的一切时，宇宙不会说'我需要考虑一下'，它会说'好的'。宇宙总是会同意给予你最美好的一切。"而你也应该说"是的"。接纳的关键在于意愿或准备。当你宣布"我已经准备好接纳此时此地最美好的一切"，你的想法和处境都会逆转。

"当学生做好准备时，老师就出现了！" 露易丝告诉自己，不久之后，她的艺术老师琳达·邦兹出现了。"当我想找一位优秀的本地普拉提老师时，我又对自己说了这句话。"露易丝告诉我，"两天后，我遇到了艾莉亚·卡德罗（Ahlea Khadro）。"艾莉亚是艾略特的母亲，艾略特就是我们感恩节聚餐时，一直走到镜子前对自己微笑的那个小男孩。艾莉亚现在负责协调露易丝的整个医疗保健计划。她和露易丝成了好朋友。

在《真正的成功》（*Authentic Success*）一书中，我写到了准备的力量，以及它如何帮助你在生活的各个领域获得新的成功。在关于恩典的章节中，我分享了下面这段关于准备的冥想导语：

当学生做好准备时，老师就出现了。

当思考者做好准备时，想法就出现了。

当艺术家做好准备时，灵感就出现了。

当奉献者做好准备了，使命就出现了。

当运动员做好准备时，佳绩就出现了。

当领导者做好准备时，愿景就出现了。

当爱人做好准备时，伴侣就出现了。

当门徒做好准备时，上帝就出现了。

当老师做好准备时，学生就出现了。

接纳是最好的心理治疗。如果你真的很认真地对待接纳，并且愿意把它变成日常的练习，你会发现它可以帮助你消除所有爱的阻碍。宣布"我愿意更好地接纳"之后，你内在的一种力量被激活，它可以治愈后天习得的无价值感、过度的独立、有害的牺牲、财务上的不安全感，以及各种各样的匮乏感。接纳帮助你了解自己的真正价值，过上轻松幸福的生活。

接纳帮助你临在当下。它能帮助你脚踏实地，深呼吸，吸收一切为你准备的东西。露易丝说："通常情况下，我们缺少的只是接纳的能力。""宇宙总是在赠予，但是要看到这一点，我们必须开放和接纳。"接纳的意愿可以打开你的内心，让你超越自己值得什么和什么才有可能的认知。接纳帮助你关注那些已经为你准备就绪的东西。

> 在这一章中，我们的心灵练习是记录接纳日志。我们邀请你在接下来的七天里，每天花15分钟，培养更强的接纳意愿。在你的接纳日志中，我们希望你写下10条对这句话的回答——现在生命爱我的方式之一是……不要修改你的回答，直接写下你所想到的。

你可能希望与治疗师、朋友、伴侣或孩子一起做这个练习。你可以把它变成一种对话，和跟你一起练习的人轮流完成句子。写下10个答案之后，回顾一下你的清单，好好体会在当下生命是如何爱你的。

妻子霍莉和我一直在晚上一起做这个练习，那时孩子们都睡着了，我们有时间独处。写《生命的醒觉》的过程中，我们一直在做这个练习，它打开了我们的视野。在一帆风顺的时候，它会让一切感觉更加美好。遭遇挫折时，它让我们重新充满信心。做这个练习的次数越多，它就变得越容易。寻找得越多，发现也就越多。正如我们的朋友恰克·斯佩扎诺（Chuck Spezzano）所说：

当接受者做好准备时，

礼物就出现了。

拥抱美好的未来

第七章

我们的每一个想法

都在创造我们的未来。

——露易丝·海

露易丝和我正在共进晚餐。我们花了一整天的时间聊天、散步、做园艺，还有烹饪。我们没有制订计划，只是跟着感觉走。这一天似乎是无法用时间来衡量的。时间过得缓慢，却又稍纵即逝。我们坐在那张巨大的圆形餐桌的旁边，它看起来像是宇宙，露易丝在桌上画了星星和漩涡一般的星系。太阳在海面上落下，一只蜂鸟正在露易丝的花园喷泉里喝水。

"你对'宇宙是友好的'这个观点怎么看？"我问露易丝。她停顿了一会儿，慢慢琢磨我的问题。"我认为这是个不错的想法。"她笑着说。

据说爱因斯坦曾经说过，我们必须回答的一个最基本的问题是："宇宙是友好的吗？"爱因斯坦是一位理论物理学家。他说他想要了解上帝的思维。他认识到一种"自然中所体现的智慧"以及"现实背后不可思议的结构"。他认为宇宙是一个"统一的整体"，世界处于"有序的和谐"之中，它一视同仁地支持所有人和所有事物。爱因斯坦写道："上帝是难以捉摸的，但他没有恶意。"

"宇宙是友好的吗？"我问露易丝。

"只有一种方法可以找到答案。"她说。

"那是什么办法？"

"说'是'。"她笑着说。

"那是什么意思？"

"如果你回答'不'，你就永远无法确定宇宙是否友好。"她说。

"因为如果你说不，你就看不到它的友善。"

"没错。但如果你说'是'的话，你可能会看到这一点。"

"答案就在我们心中。"

"答案就在我们自身。"露易丝说。

露易丝的回答让我想起了"帕斯卡的赌注"。布莱士·帕斯卡（Blaise Pascal）是17世纪的法国物理学家和哲学家。在思考上帝是否存在的问题时，他认识到理性在这里毫无用处：我们看不到非物质的现实——原子或我们自己的灵魂。

"上帝存在，或者不存在。"帕斯卡说。他总结道，我们必须要下注。换句话说，我们必须对上帝的存在说"是"或者**"否"。他建议我们毫不迟疑地去赌上帝是存在的。他说："假如你赢了，你就赢得了一切；假如你输了，你却一无所失。"**

每周一次，我会为海氏出版公司电台主持一档名为《转变正在发生》的节目。在最近一次节目中，一位女士打电话求助，希望找到一位爱侣。6年半前，她与丈夫离婚了，之后她一直独自生活。

"爱真的存在吗？"她问我。我告诉她，"如果你等待爱，你永远无法找到它。"如果我们所做的只是等待，我们最终会像塞缪尔·贝克特（Samuel Beckett）的荒诞剧《等待戈多》（*Waiting for Godot*）中的弗拉季米尔（Vladimir）和爱斯特拉冈（Estragon）一样，他们甚至不知道自己在等待什么。只有去爱，我们才能知道爱是否存在。

"生命总是试图爱我们，但如果我们想看到它，就需要敞开心扉。"露易丝告诉我。

"我们如何让自己保持开放？"我问。

"要愿意爱自己。"她说。

"爱自己是让生命爱你的关键。"我说。

露易丝解释道："当你不爱自己，并将其投射到别人身上时，你会指责他们不够爱你，你只能看到这个世界是不友好的。"

"投射形成知见。"我说，这是《奇迹课程》中的一句话。

露易丝说："恐惧让我们看到一个世界，而爱让我们看到另一个世界。由我们自己来决定哪个世界是真实的，决定自己想要在哪个世界生活。"

爱因斯坦也说过："你是否能观察到一件事，取决于你使用的理论。是理论决定了你可以观察到什么。"**我们看到什么，取决于我们如何看待事物。**爱因斯坦鼓励我们敞开心扉，摆脱自己思想的牢笼。他运用了自己的智力，但他警告我们不要把智力奉为神明,因为它是有局限性的。"我相信直觉和灵感。"他说。他还说过一句名言:"想象力比知识更为重要。知识是有限的,想象力则涵盖了整个世界。"

历史上的哲学家和哲学流派都探索过与友好宇宙相关的理论和思想。例如,柏拉图(Plato)提到了本质宇宙(Essential Universe)和感知宇宙(Perceived Universe)。他说,本质宇宙是完美、美好和完整的(就像原始自我)。然而,他认识到,独立的自我看不到全貌,因此它生活在感知宇宙中。在这里,我们常常对造物"绝对的美"与"友好的和谐"视而不见。

托马斯·杰斐逊(Thomas Jefferson)是一位农民、律师和政治家。他年轻时学习过数学、玄学和哲学。他不仅是美国总统,还是美国哲学学会会长。他在造物中看到了一种"仁慈的安排",这深刻地影响了他的思想。他认为上帝是世界"仁慈的统治者",还将耶稣的教导称为"人类有史以来最崇高、最仁爱的道德准则"。如果遵循这一准则,每个人都可以获得充分的自由,无一例外。

慈悲的宇宙也是佛教哲学的核心。佛陀教导人们,造物的本质意识是普世友善和仁爱。"生命是良师益友。"佩玛·丘卓说。当我们与原始自我保持一致时,这种天然的仁慈就会经由我们每个人显现。然而,当我们不再践行仁爱时,我们就会对宇宙的仁慈视而不见，于是就会遭受苦难。

对苦难的认识也是佛教的核心。四圣谛中的第一条就是"生命充满了苦难"。佛陀没有说世界要我们受苦。佛陀指出，我们之所以受苦，并不是因为这个世界，而是因为我们自己。他教导我们，由于我们对自身和他人的所作所为，我们才会受苦。通过仁爱和怜悯，我们得到了疗愈，并与宇宙的自然和谐融为一体。

"如果宇宙是友好的，我们为什么会受苦？"我问露易丝。

"嗯，我相信宇宙不希望我们受苦。"她说。

"但苦难仍然存在。"

"找出导致苦难的原因，我们就能消除苦难。"她说。

"那么，是什么让我们受苦呢？"我问。

"好吧，如果我们对自己足够诚实，就必须承认造成诸多苦难的其实是我们自己。"她说。

"世界并没有评判我们。"我说，想起我们之前的对话。

"没错，"露易丝说，"**世界不会评判我们，但我们会自我批判。世界不会批评我们，但我们会自我批评。世界不会抛弃我们，但我们往往会自我抛弃。**"

"我们还会如何造成自己的苦难？"我问。

"当我们停止爱自己时，会给自己带来无尽的痛苦。"她说。

我们有一万种方式来让自己受苦，主要是因为我们缺乏自爱。当我们不再爱自己时，就不再对自己友善。失去了同情心，心灵的智慧就会沉默。**没有善良，就没有智慧**。我们走上了恐惧之路，在所有错误的地方寻找爱，在自己之外寻找幸福。我们追逐成功，但从未觉得自己拥有成功。我们赚了100万美元，但我们仍然感到贫穷。100万美元还不够，因为它不是200万美元，因为金钱买不到我们真正想要的东西。

"我们也会让彼此受苦。"露易丝说。的确如此，不是吗？当人们不再爱自己，他们也无法再爱别人。事情就是如此。俗话说，为人伤者伤人。当我们忘记了什么才是真实——统一的整体、基本的真相、造物的仁慈时，我们就会失去爱的恩宠，迷失在无数个毫无用处的剧本中。我们投射我们的痛苦，我们互相指责，我们防御和攻击，我们试图用武力赢得每一场争论。"只有爱才能结束一切争论！"鲁米说。

还有另一种苦难，我们所有人都会经历，就是人生无常所带来的苦难。我们哀悼亲人的死亡，我们哀悼一段关系的结束，我们哀悼失去工作，我们还遭受过其他无数次失去。我们经历病痛、衰老和对自己死亡的恐惧。佛陀把这种痛苦称为苦谛（dukkha）。这种痛苦来自抓住我们想要的，推开我们不想要的，希望包括我们自己在内的一切都能永恒，却忘记了我们真正的本性。这种情感完全符合人性，它值得我们同情和爱。爱可以停止苦难。

"我们还有一种角度来看待友好宇宙理论。"露易丝说。

"那是什么？"我问。

"不要问自己，'宇宙有多友好？'而是问自己，'我有多友好？'"她笑着说。

"我喜欢这个想法。"我一边说，一边慢慢理解这句话。

"我们与宇宙并不是分离的。"她说。

"宇宙并不是在那里。"我指着露易丝的餐桌说。

"宇宙就是我们。"她说。

"我们存在的方式就是我们体验宇宙的方式。"我补充道。

"我们越爱自己，我们就越能爱彼此。"露易丝说。

"因此我们了解生命是爱我们的。"我提出。

"并且我们也了解宇宙确实是友好的。"露易丝说。

相信
爱

在我开始写这本书的那天，发生了一件不同寻常的事情，对此我无法找到合理的解释。这实在是个令人开心的惊喜，让我对接下来的写作充满了信心。

我原计划在1月21日开始写作，但实际上我是在1月20日开始的，比我认为自己做好准备的日子提前了一天！那天早上醒来，我想着要在即将动笔的重要日子到来之前做更多的准备。到那一天，我就要面对那空白的屏幕，开始写第一页，开创性的一页。然而在早上做冥想的时候，我收到了一份内心的信息，它悄悄告诉我："你很早之前就已经做好准备了。就从今天开始写吧。"

早餐时，我告诉霍莉、波儿和克里斯托弗，我要从那一天就开始写《生命的醒觉》。"我有一种感觉，在我准备好之前就开始是件好事。"我告诉霍莉。霍莉笑了。克里斯托弗咬着嘴里的煎饼，波儿从桌子上站起来，跑上楼去。

2分钟后，她回来了，手里拿着一个粉晶天使。"给你，爸爸，"她说，"把她放在你的桌子上，她会帮助你写书。"克里斯托弗从座位上跳了下来。他带着他最喜欢的拖拉机回来了。"给你，爸爸，"他说，"这台拖拉机会给你帮上大忙的。"

那天早上，我坐在桌子前看着空白的屏幕，准备写下第一页。粉红色的天使站在电脑屏幕旁边。拖拉机在楼下，因为克里斯托弗改变了主意。"我把拖拉机送给你，不过我得先替你保管它。"他告诉我。现在，拖拉机的灵魂在天使旁边陪伴着我。我桌上还有一支茉莉花香蜡烛，一杯科纳咖啡，还有一张卡片，上面写着我最喜欢的《奇迹课程》中的一句话：

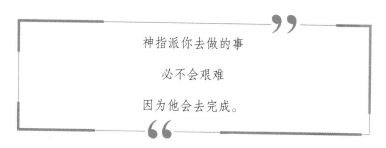

神指派你去做的事

必不会艰难

因为他会去完成。

当我盯着空白的页面时，脑海中浮现出一幅基督的画像。他站在一扇门旁边，手里拿着一盏灯。我以前看过这幅画，但不知道在哪里。我所能想到的就是基督的形象。我说服自己，神秘的画面足以成为让我把写作放在一边，进行网络搜索的充分理由。我输入了"耶稣基督的绘画",点击图片标签,页面上第一个就是我正在寻找的画作:威廉·霍尔曼·亨特(William Holman Hunt)的《世界之光》(*The Light of the World*)。

当我看到这幅画时,我想起前一天晚上我做了一个梦。很多梦我都不太记得了,这个也是。我只记得我梦见了那幅画。也许这就是为什么它出现在我空白的页面上。不管怎样,我认为这是一种征兆,说明约瑟夫·坎贝尔所说的"无形之手"在帮助我前行。我把一些关于这幅画的文章放进书签,以便以后阅读。我还下载了这幅画的图像,作为桌面屏幕保护程序。然而此刻,我需要回到那个空白的页面,第一页。

与此同时,霍莉在楼下的厨房里,也若有所思。她在寻找某个礼物来帮助我写作。霍莉说她不由自主地上了楼,走进她的办公室。她扫视了一下房间,目光落在书架的一幅画上。她以前没有注意到这幅画,对它一无所知,还以为那是我的画。她把画像放在一个椭圆形银质相框里,然后上楼来找我。"闭上眼睛,伸出双手,"霍莉说,"我有东西送给你。"

当我睁开眼睛时,我看到了一幅装在画框里的威廉·霍尔曼·亨特的《世界之光》。怎么会发生这样的事?我很震惊。就像霍莉说的,她感觉太神奇了。当我写作时,霍莉经常会给我带一些冰沙、果蔬汁和自制松饼,但从未给我这种礼物。"嗨,亲爱的，给你一幅宗教画像！"这不太寻常。先前我们俩都对这幅画不太了解。现在它却成了我电脑的屏保，镶框的画作就在粉色天使和拖拉机精灵的旁边。

当我告诉露易丝这个故事时，她笑了。这是一个会意的微笑。"当我写《生命的重建》时，我经历了很多小奇迹和巧合。"她告诉我，"我最强烈的感觉是，尽管我收到了一些邀请，但我不应该选择主流出版商。我觉得自己是重要信息的保管人，这些信息不能被修改或淡化。我不知道如何自行出版，但我有信心往下走，一路上每扇大门都向我敞开。"

在与露易丝交谈后不久，我偶然发现了佛罗伦斯的这句话：所有的大门现在都为惊喜敞开，我生命中的神圣计划在爱的恩典下加快脚步。

威廉·霍尔曼·亨特创作《世界之光》的灵感来源于《圣经》中的两段经文。在这幅画的底部是《启示录》3章20节的引文。上面写着："看哪，我站在门外叩门，若有听见我声音就开门的，我要进到他那里去，我与他，他与我一同坐席。"

这幅画的标题来自《约翰福音》8章12节，其中耶稣说："我是世界的光。跟从我的，就不在黑暗里走，必要得着生命的光。"这两段经文都在召唤自我敞开心扉，接受神圣的指引和更高层次的安排。

亨特的画充满了象征和寓意。基督代表我们的原始自我。门代表我们的自我意识。基督的脸蕴含无限的耐心。门外长满了杂草，这告诉我们这扇门已经关闭一段时间了。

亨特描述了这种象征意义："紧闭的门是固执紧闭的思想，杂草是我们平常的忽略……"最重要的是，门没有把手，没有锁，也没有插销。它可以随时打开，并且是从里面打开的。我们的灵魂在等待着我们。我们的自我必须愿意让光进来。我们的自我必须打开大门。

"一旦迈出了灵性之路的第一步，我就感觉自己走进了一个新世界。"我们坐在一起看亨特的画时，露易丝告诉我："生命牵着我的手，指引我前行。生命说'做这件事'，我照做了。生命说'做那件事'，我也照做了。当人们想知道我是如何成立海氏出版公司时，我总是告诉他们'我打开了心扉，倾听内心的声音，遵循它的指示。我相信它在我内心的流动，并学会了跟随它的脚步'。"

在《爱因斯坦与诗人》（*Einstein and the Poet*）所记录的一次对话中，爱因斯坦对威廉·赫尔曼斯（William Hermanns）说："我相信这个宇宙。"这是我最喜欢的关于爱因斯坦的一本书，它记录了爱因斯坦和德国诗人、剧作家和社会学家赫尔曼斯在30年的时间跨度里进行的四次对话。

爱因斯坦告诉赫尔曼斯："经过我在科学领域的求索，我对宇宙产生了宗教的情感。"爱因斯坦坚称自己是一位科学家，但他也像是一位诗人。他提到了内心的声音。他告诉赫尔曼斯："如果对于造物的和谐，我没有那么深沉的信仰，就不会用30年的时间尝试用数学公式表达它。"

露易丝说："当你了解生命爱你，你生活在一个友好的世界里，那么无论身处顺境逆境，这都会帮助到你。"有时人生并没有按计划进行，至少不是按照我们的计划，我们都知道那是什么情况。

当我们得到自己想要的东西时，我们觉得生命爱我们，可是如果我们不能如愿以偿，又会怎样呢？如果没有得到我们那份理想的工作呢？如果那个心爱之人不回我们电话呢？如果原本一帆风顺的事情突然出了差错？在这个时候，我们必须相信生命总是爱我们的——并且即使事情并没有按照我们的期望发展，最终的结果也仍然是圆满的。

"如果知道在你选择的道路上是谁在伴你左右，你就不会再恐惧。"《奇迹课程》中说。当我们害怕时，我们会感到孤独。当一扇门关上时，其他所有的门也都关上了，这就是我们自我的感受。

露易丝说："当你相信爱时，你不可能感到完全孤独。**爱给**

你带来了一切的可能性，让你获得一种比自我更强大、更智慧的力量。爱知道什么对你来说是最好的，它引导你走向最美好的一切。爱会为你指明道路。"

　　每当你感到困顿、孤独或害怕时，露易丝和我建议你问自己这样一个问题：如果让生命更加爱我，会发生什么美好的事？还有一个办法是补全这句话10次：在当下，我可以让生命更加爱我的一种方式是……打开心门，让你的灵魂指引方向。开放心灵，迎接阳光。敞开心扉，相信爱会带你去你向往的地方。为了帮助你进行这样的探究，这里摘录了我最喜欢的一段话，来自露易丝的《心灵思绪》：

> 相信你的内在指引，
>
> 它以最适合你的方式引领着你，
>
> 并且你在不断获得
>
> 灵性的成长。
>
>
>
> 不管哪扇门开着，
>
> 哪扇门关着，
>
> 你都是安全的。
>
>
>
> 你是永恒的。

你将永远继续前行，

经历各种体验。

看着你自己打开通往

快乐、宁静、疗愈、丰盛，

还有爱的心门。

打开理解、同情和宽恕之门。

打开自由之门。

打开自我价值和自尊之门。

打开自爱之门。

一切都在你面前。

你会先推开哪扇门？

记住，你是安全的。

接受改变。

只
传授爱

　　一天下午，露易丝和我在巴尔博亚公园散步。我们在丹尼尔的咖啡车前停下，我买了杯卡布奇诺。接着我们往日本友谊园走。在路上，我问露易丝刚刚进行的海瑞德聚会活动怎么样。露易丝的这个艾滋病支持组织刚刚庆祝了成立30周年，后来被称为"海瑞德"。这次重聚在洛杉矶威尔希尔·埃贝尔剧院举行，剧院里挤满了来自世界各地的新老朋友。

　　突然，我们听到有人喊道："海女士！海女士！"我们抬起头，看见两个男子在日本友谊园的入口处并肩向我们挥手。当他们走近时，其中一名男子说："海女士，我是海瑞德的成员！"露易丝和那个男人同时泪流满面，他们久久拥抱在一起。

　　我为他们拍了很多照片，露易丝非常开心。这名男子早在1988年就参加了海瑞德聚会，当时他正准备接受死亡的到来。"你治愈了我的生命！"他说。"不，是你自己治愈了你的生命。"

露易丝告诉他。

在20世纪80年代的6年半时间里，露易丝每周三晚上都会举办一次海瑞德活动。"一位来访者问我是否愿意为艾滋病患者组织一次聚会。我答应了。事情就是这样开始的。"露易丝告诉我。露易丝在客厅里举行的第一次聚会有6个人到场。

"我告诉他们，我们要做我一直在做的事情，那就是专注于自爱、宽恕和放下恐惧。我还告诉他们，我们不会坐在那里大吐苦水，因为这对任何人都没有帮助。"第一次见面结束时，露易丝和6位参与者深情地拥抱在一起。那天晚上，他们带着平静的心离开了露易丝的家。

"第二周，有12个人坐在我的客厅里。第三周是20个，而且这个数字不断在增长。"露易丝说，她仍然对这件事感到无比惊讶。"最终，有将近90个人挤进了我的客厅。我不知道邻居们会怎么想！每周我们都会交谈、哭泣、一起唱歌、做镜子练习，为我们自己、为彼此、为这个星球进行各种各样的疗愈冥想。每次结束的时候，我们都会拥抱，这可以增进爱，也方便交友。"露易丝笑着说。

聚会从露易丝的家搬到了西好莱坞的一个体育馆。"第一天晚上，我们从90人增加到150人。"她回忆道。他们很快又不得不搬家。这一次，西好莱坞给了露易丝一个可以容纳数百人的空间。"最终，我们有将近800人参加了周三晚上的聚会。现在来的不仅仅是患艾滋病的男性，也有女性，还有他们的家属。每当哪位成员的母亲第一次参加聚会，我们所有人都会为她起立鼓掌。"

露易丝最亲密的朋友之一是丹尼尔·佩拉尔塔（Daniel Peralta）。他们第一次见面是在1986年1月，当时丹尼尔参加了有关海瑞德的电影《打开心门：积极应对艾滋病》（*Doors Opening: A Positive Approach to AIDS*）的首映式。"露易丝让我看到了无条件的爱。"丹尼尔告诉我。在一篇关于海瑞德的文章中，丹尼尔写到了露易丝无限的善良和慷慨：

> 露易丝带来了一种新的可能性，一种新的生存方式。她让我们看到如何爱自己，并总结了这一过程的实践步骤。她温柔地邀请我们以一种崭新的方式与自己共处，练习自我接纳和自我关爱。这很有吸引力，也很疗愈。我清楚地记得，露易丝有着惊人的能力，能够迅速建立起一种集体归属感，让人们团结在一起，同心协力。

当露易丝谈到海瑞德时，她泪流满面。"这些年轻人感到恐惧和孤独。他们被家人和社会排斥，"露易丝告诉我，"他们需要一位朋友——不感到畏惧、不评判他们、真正爱他们的朋友。而我只是回应了他们的需要。"

当我问露易丝为何流泪时，她说："我们在海瑞德活动中用光了很多纸巾。我交了很多朋友，同时也失去了很多朋友。我们参加了太多次葬礼，但我们也让每个死去的人知道自己是被爱着的。当然，许多人活了下来，创造了他们从未梦想过的未来。"

在《打开心门》的开场，露易丝说："我没有治愈任何人。我只是提供了一个空间，让我们可以发现自己是多么完美。许多人发现，他们能够治愈自己。"露易丝传达的信息始终如一。我曾目睹数百人对露易丝说："谢谢你治愈了我的生命。"每次我都会微笑，因为我知道露易丝会如何回应。"是你自己治愈了你的生命。"她告诉他们。

"露易丝，人们对你有很多称呼。"我说。

"我知道。"她笑着说。

"你告诉每个人'我不是疗愈者'。"

"没错。"她坚定地说。

"那你是谁？"

"哦，我不知道。"

"他们称你为当代的圣人。"

"哦，我没那么厉害。"她说，显然有些不好意思。

"奥普拉·温弗瑞称你为吸引力法则之母。"

"嗯哼。"

"你被称为大师和先驱。"

"嗯哼。"

"还有叛逆者。"

"哦，我喜欢。"她笑着说。

"你画过自画像吗？"我问她。

"从来没有！"

"来吧，露易丝，告诉我你是谁。"

"那么，你会怎么描述我？"

"我有一些想法。"

"我照单全收！"

"我觉得你是一头母狮。"我告诉她。

"嗯，我的上升星座是狮子座。"她说。

"我觉得你执着地追求真理。"

"执着而直接。"她说。

"你也非常保护你所爱的人。"

"竭尽所能。"她说。

"我还觉得你是一位老师。"我告诉她。

"没错。"她说。

当我想起露易丝和她的工作时，脑海中立刻浮现出《奇迹课程》中的一句话：**"只传授爱，因为你就是爱。"** 露易丝是一位老师，她教授的课程是爱。她告诉我们，在生命中的每一刻，**我们都在爱与恐惧、爱与痛苦、爱与恨之间做出选择**。"我教授一件事——只有一件事——就是爱你自己。"露易丝说。

露易丝在最近的一次网络通话中告诉我："除非爱自己，否则你永远都不知道自己到底是谁，也不知道自己真正能做什么。"她将爱视为帮助我们成为真实自己的灵丹妙药。"当你爱自己的时候，你就成长了，"她说，"爱帮助你超越过去，超越痛苦，超越恐惧，超越自我，超越所有关于自己的狭隘理念。爱造就了你，爱帮助你成为真正的自己。"

作为露易丝的朋友，最大的乐趣之一就是见证她对成长的热情和投入。露易丝·海热爱学习。**"如果我没有学会爱自己，我之后所做的一切都不可能实现。"**她告诉我。露易丝想说，现在就爱你自己吧，不要等到你做好准备再去爱。她说："如果你今天不爱自己，明天也不会爱自己。但是如果你从今天开始爱自己，就可以创造一个更好的未来，未来的你会无比感激现在的你。"

露易丝总是在寻求新的成长和冒险。在首次公开画展之后，她在 Facebook 上写了一篇帖子说："人生是循环往复的。在某个时刻，我们会尝试一些新的东西，而在某个时刻我们继续前行。学习新的东西永远不会太晚。"

在海瑞德聚会后，她告诉我："我感觉一扇门已经关上，另一扇门正在打开。我敞开心扉，接受新的成长机会。"在我们最近的网络通话中，露易丝告诉我她已经报名参加了一个与心灵顺势疗法有关的课程。

在我们写《生命的醒觉》的时候，露易丝感觉自己的生活即将迎来一个全新的篇章。她告诉我，她还不太了解这个新篇章将如何谱写。她说："我感到兴奋和紧张，但我每天都提醒自己，生命爱我，我很安全，我会得到最好的，接受改变。"当我问露易丝她打算如何迎接她的新篇章时，她说："我要重新摆放一下家具。我会跟一些东西告别，为新的篇章腾出空间。"

最近，我为英国海氏出版公司在伦敦举办的"点燃"大会做了开场主题演讲。大会上有12位作者讨论了个人成长和全球变革。我问露易丝是否有话想和观众分享。她立即给我发了一封热情洋溢又意味深长的电子邮件。以下是她让我分享的内容：

> 每当我尝试新的事物，都在点燃自己的生命。
>
> 涉足新的领域是如此令人兴奋。
>
> 我知道，摆在我面前的只有美好，
>
> 所以我已经准备好迎接生命中的一切。

新的冒险让我们保持青春。

向每个方向传递爱的思想，

　让我们的生命充满爱。

87岁是我人生新的起点。

爱的
镜子

当露易丝·海走上"我能做到"研讨会的舞台时，观众们充满敬意地自发起立，成千上万的人共同向露易丝致以爱和感谢。在温哥华、伦敦、纽约、悉尼和德国汉堡等世界各地，这样的场景每一次都会发生。我曾多次站在观众席上，每次都感动得热泪盈眶。当一个人为爱守护时，这个世界会发生多么美妙的事！

这一次，我和露易丝在丹佛再次参加"我能做到"研讨会。我们在露易丝的酒店房间里，回顾这本书的前几章。露易丝告诉我："我最希望我们的读者听到的信息是，生命爱你本来的样子，它希望你也这样做。""我们来到这个星球，是为了学习无条件的爱，而这要从接纳自己和爱自己开始。"

她指着我说："你必须从爱你自己开始。"然后，她指着自己说："我必须从爱我自己开始。"她停顿了片刻，然后说："这就是我们爱这个世界的方式。"

当你像露易丝和我一样教导人们要自爱时，很快就会面对各种各样的反对和担心。常见的想法包括"自爱是自私的""自爱是自我放纵""自爱等于自恋"。这些想法正确吗？

我觉得自恋与自爱并不是一回事。换句话说，大多数对自爱的反对意见源于对"爱是什么"的误解。"自爱并非虚荣或傲慢，而是自我尊重，"露易丝说，"它是对你本来的样子和当下生命的深刻欣赏。"

在"爱的能力"项目中，我请那些担心自爱就是自私的学员们看看露易丝的人生。露易丝的故事是一个很好的例子，说明自我疗愈和自爱可以成为他人的福音。看看露易丝开始康复之旅后发生了什么。

50岁时，她写了《生命之重建：治愈你的身体》的第一版，名为《什么会带来伤害》（*What Hurts*）。3年后，她改写并出版了这本书。56岁时，她开始举办海瑞德活动，在59岁建立了自己的慈善组织海氏基金会，在60岁创办了海氏出版公司。她做了这么多事，而这些只是个开始。

露易丝告诉我："我们来到这个世界，是为了成为一面爱的镜子。"**我们越爱自己，投射给这个世界的痛苦就越少。**当我们不再评判自己，自然而然就会减少对他人的评判。当我们不再攻击自己，就不会攻击别人。当我们不再自我否定，就不再指责他人伤害我们。当我们开始更多地爱自己，就会变得更加快乐，减少防御，更加开放。当我们爱自己，自然会更加爱别人。露易丝说："自爱是最好的礼物，因为你给予自己这个礼物的同时，别人也会体验到。"

1994年在我创建"幸福计划"时，我设立了只有4个字的使命宣言：谈论幸福。当时，心理学界和社会上很少有关于幸福的讨论，而"幸福计划"的目标是激发关于幸福的讨论。

我们在学校、医院、教堂、企业和政府大厅讨论幸福。我们讨论得越多，我对幸福是什么就了解得越多，我就越是确信：就像自爱一样，幸福可以让自身和社会都受益。几年后，我为"幸福计划"制定了一份新的使命宣言，内容如下：

正是因为这个世界充满了苦难，

所以你的幸福是一份礼物。

正是因为这个世界充满了贫穷，

所以你的财富是一份礼物。

正是因为这个世界不够友好，

所以你的微笑是一份礼物。

正是因为这个世界充满了战争，

所以你内心的平静是一份礼物。

正是因为这个世界如此让人绝望，

所以你的希望和乐观是一份礼物。

正是因为这个世界如此恐惧，

所以你的爱是一份礼物。

爱是一种分享。就像真正的幸福和成功一样，它是一份礼物，最终会让你和其他人受益。"当我想到爱时，我喜欢想象自己站在一个光圈里。"露易丝说，"这个圆圈代表着爱，我看到自己被爱包围着。一旦我在内心和身体里感受到这种爱，我就会看到这个圆圈扩大，填满整个房间，填满我家的每一个角落，填满社区，填满整个城市、整个国家、整个地球，最终是整个宇宙。对我来说，爱就是这样。这就是爱的运作方式。"

听露易丝谈论爱的光圈时，我想起爱因斯坦的话："人类是被我们称为'宇宙'整体的一部分，在时间与空间上有所局限的一部分。我们体验自己、自己的思想和感受，以为和其他事物是分开的某个东西。这是我们意识的一种错觉。这种错觉是我们的一种牢笼，将我们限制在我们个人的欲望和针对最接近我们的少数人的情感中。我们的工作必定是，透过扩大我们悲悯的范围，以拥抱一切生物和整个大自然的美丽，将我们自己从这个牢笼中释放出来。"

1987年，露易丝·海创办了海氏出版公司，她告诉所有工作人员，这家出版公司的目的不仅仅是销售书籍和磁带。"当然，我希望公司可以盈利，这样我们就可以支付工资，关心员工，但我也有更高的愿景。"露易丝告诉我，"我当时就知道，并且现在仍然相信，海氏出版公司的真正目的是创造一个世界，让我们彼此尽情地相爱。通过我们出版的每一本书，我们用爱祝福这个世界。"

练 习 七

祝福世界

当露易丝最后一次出现在奥普拉·温弗瑞的节目中时，她刚刚庆祝了自己81岁的生日，她告诉奥普拉，她才开始学习交际舞。当奥普拉问露易丝，她对那些认为改变和成长为时已晚的人有什么建议时，露易丝感同身受地回答："重新进行思考！你相信某件事很久，并不意味着你必须永远这样想。选择那些支持你、让你提升的想法。认识到生命爱你，如果你也热爱生命，就请让这件美妙的事情继续下去。"

正如露易丝所说，让这件"美妙的事情继续下去"，不仅仅是指接受生命的爱，也包括要热爱生命。当我和露易丝第一次见面讨论这本书时，我告诉她，我想探索"生命爱你"这一理念的全部意义。她说："要体验生命爱你的真正含义，我建议你对自己说这个肯定句：生命爱我，我爱生命。如果你愿意，也可以改成：我爱生命，生命爱我。每天我都这样对自己说，并且计划在余生中的每一天都这样说。"这个肯定句给予我们灵感，让我们设计了第七个，也是最后一个心灵练习。

当你肯定"生命爱我，我爱生命"时，就在意识中形成了施与受的完整循环。"生命爱我"代表接受法则，"我爱生命"代表给予法则。这句话是说既要接受爱，也要给予爱，二者同等重要。事实上，给予就是接受，给予者也是接受者。你给予什么，就会得到什么。你得到什么，就可以给予什么。这种觉察会帮助你成为一个真正充满仁爱的人。

这一章的心灵练习是"祝福世界"冥想。它的灵感来源于佛教的慈心（mettā）修行，mettā 是巴利语中的一个词，意为仁慈、博爱或仁爱。冥想分为五个部分。我们建议你花5~15分钟来做这个练习。和书中的其他练习一样，露易丝和我鼓励你每天做一次，连续7天。你做得越多，练习就会越顺利。

祝福你自己。"你有足够的爱去爱整个地球，先从爱你自己开始，"露易丝说。从说"生命爱我，我爱生命"这个肯定句开始，大声说很多遍。补全这句话：生命爱我的一种方式是……

感恩你的福佑。如果你觉得这样做很困难，请说"我愿意接受帮助，并愿意接受所有的帮助"，或者"今天我将进入更加美好的世界。我的美好无处不在，我很安全"。

祝福你所爱的人。祝你所爱的每个人今天都度过了美好的一天。为他们说"生命爱你"这个肯定句。祈祷他们了解自己有多幸福，并明白关于自己的基本真理，那就是"我是值得被爱的"。为他们的成功、富足、健康和好运而欣喜。露易丝说："记住，如果你想得到家人的爱和接纳，那么你就必须爱他们、接纳他们。"可以说"我为每个人的幸福感到欣喜，因为我知道我们每个人都能拥有幸福。"

祝福你周围的人。在心中做出决定，你会祝福今天遇到的每一个人。向所有邻居致以祝福。向所有你在学校门口经常遇到的家长致以祝福。向商店店员、邮递员、公交车司机和社区里所有其他熟悉的人致以祝福。祝福街边的树木，祝福整个社区，说"生命爱你，祝你今天拥有无限的福佑"。

祝福你的敌人。给你讨厌的那些人送去祝福。祝福你批判最多的人，并说出"生命爱所有人"。祝福与你冲突最多的那个人，说出"生命爱所有人"。祝福你最为不满的那个人，说出"生命爱所有人"。祝福你最嫉妒的那个人，说出"生命爱所有人"。祝福与你竞争最激烈的那个人，说出"生命爱所有人"。祝福你的敌人，化干戈为玉帛。说出下面的肯定句："我们都是值得被爱的。生命爱我们每一个人。在爱面前，每个人都是赢家。"

祝福全世界。说出这句肯定句："生命爱我，我爱生命。"想象整个星球都在你心中。露易丝说："你很重要，你如何运用对你的思想也很重要。每一天都为全世界祝福。"热爱动物，热爱植物，热爱海洋，热爱星星。在头脑中想象这些新闻标题，比如"治愈癌症""结束贫困"或"地球的和平"。每次当你怀着爱祝福这个世界时，都会与数百万同样祝福世界的人们联结在一起。看着这个世界在当下朝着爱的方向前进。一起说出这句肯定句："我们正在创造一个彼此可以尽情相爱的世界。"

后 记

今天，我对《生命的醒觉》的手稿进行了最后一次修改。克里斯托弗在我办公室玩他的新拖拉机。他兴高采烈。"爸爸，这是世界上最好的拖拉机。"他告诉我。他的旧拖拉机现在放在我的桌子上，旁边是波儿给我的天使和提灯基督的画像。霍莉和我仍然惊讶这张画是如何出现在我们家里的。

今天早上，我翻阅了自己的那本《生命的重建》，检查引文是否准确。这本书已经有些年头了，所以有些磨损。我才注意到，露易丝在书上题了字。上面写着："记住，生命爱你。嘻嘻。向你致以爱。露易丝·海。"嘻嘻两个字有下划线。露易丝为什么要写上"嘻嘻"呢？我不明白。她了解什么我不知道的秘密吗？我微笑着感恩我们一起走过的旅程。

我的坐骨神经痛现在已经痊愈了。正如露易丝所说，我不再有"异样的知觉"了。几周前，我的理疗师给了我一份康复证明。坐骨神经痛发作的时间具有象征意义，就在我开始写这本书的前几天。

另一个巧合是，在《生命的重建》一书中，露易丝提到坐骨神经痛的诱因可能是"表里不一"。当我仔细审视这一点时，我发现自己的内心有一部分相信生命爱我，但也存在着阴影、怀疑、恐惧、愤世嫉俗和无价值感。

"生命爱你"是一次任重而道远的探究。露易丝和我尽可能共同将对话推进到更深的层次。对于我们来说，还有更多功课要做。在最近的一次谈话中，露易丝告诉我："我仍然感到害怕，有时我怀疑生命是否爱我，但现在这种情况发生得更少了。在内心深处我知道，恐惧只是一种恐惧，而不是真相。当我发现恐惧时，我会用爱来迎接它。我提醒自己，生命并没有评判我或否定我。生命爱我。"

这本书已经接近尾声，但探究似乎才刚刚开始。我们每个人都有一个自我，我们希望它是值得被爱的，但自我却充满了漏洞。这些洞隐藏着深深的恐惧和怀疑，它们给我们所看到的世界投下了阴影。"生命爱你"要求我们深入探索生命的根基。在那里，居住着我们真正的本性。这里有我们未被发现的宝藏，我们在这里与原始自我相遇，这就是被生命所爱的那个自我。

对爱的探究，从本质上来说是永无止境的。很快，我和露易丝将推出"生命爱你"的在线项目。我们将设计一套"生命爱你"卡片，其中有很多心灵练习和肯定句。我们还将在 Heal Your Life 网站上发布系列采访。这些都将帮助你进行更深层次的探究。

越是允许生命爱我们，我们就越能成为真正的自己。那么，我们内心的功课就是不断消除爱的阻碍，直到心中只有爱。爱是我们的本性，是我们心灵的表达方式，是我们灵魂的终点。我们来到这里，是为了爱这个世界。我们来到这里，是为了选择爱，而不是恐惧。这是我们送给自己的礼物，也是送给彼此的礼物。